智能制造专业"十三五"系列教材
西门子（中国）有限公司官方指定培训教材
机械工业出版社精品教材

数控铣削编程与操作

主　编　涂　勇　李建华
副主编　刘　锐　季维军　　李　刚　夏文斌
参　编　韩　勇　刘世平　　张开学　董光亮　吴陈建
　　　　吴新宇　庄剑峰　　陈建军　李春强　徐　达
　　　　郝永刚　皇甫雨亮　刘先生　龚秋生
主　审　鲁宏勋

U0360821

机械工业出版社

本书针对SINUMERIK 828D数控系统，以典型铣削零件为载体，基于平面、轮廓、孔等代表性的加工案例，给出了零件的完整加工工艺、加工程序及其说明。同时，本书针对铣削编程中的关键点、不同思路，以及易出现的问题、错误和解决方法等进行了重点说明和提示。

本书可作为职业院校智能制造、机械、数控等专业的教材，也可作为数控技能大赛参赛选手的培训参考资料，还可供使用SINUMERIK 828D数控系统的工程技术人员和操作人员使用。

图书在版编目（CIP）数据

数控铣削编程与操作 / 涂勇，李建华主编 . —北京：机械工业出版社，2019.9
智能制造专业"十三五"系列教材
ISBN 978-7-111-62963-4

Ⅰ . ①数… Ⅱ . ①涂… ②李… Ⅲ . ①数控机床 – 铣床 – 程序设计 – 高等学校 – 教材②数控机床 – 铣床 – 金属切削 – 高等学校 – 教材 Ⅳ . ① TG547

中国版本图书馆 CIP 数据核字（2020）第 087778 号

机械工业出版社（北京市百万庄大街22 号　邮政编码100037）
策划编辑：赵磊磊　王晓洁　　责任编辑：赵磊磊　王晓洁
责任校对：李 杉　　　　　　责任印制：李 昂
北京机工印刷厂印刷
2020 年 8 月第 1 版第 1 次印刷
184mm×260mm ·13.75 印张 ·361 千字
0 001—1 900 册
标准书号：ISBN 978-7-111-62963-4
定价：45.00 元

电话服务　　　　　　　　　网络服务
客服电话：010-88361066　机 工 官 网：www.cmpbook.com
　　　　　010-88379833　机 工 官 博：weibo.com/cmp1952
　　　　　010-68326294　金 书 网：www.golden-book.com
封底无防伪标均为盗版　机工教育服务网：www.cmpedu.com

序
PREFACE

　　第一代SINUMERIK数控系统的样机，今天还静静地躺在德意志博物馆里，仿佛在诉说着历史的变迁和技术的发展。SINUMERIK数控系统作为德国近现代工业发展历史的一部分，被来自世界各地的广大用户信任、依赖，并且成为制造业现代化和大国崛起的重要支撑力量。

　　SINUMERIK平台采用统一的模块化结构、统一的人机界面和统一的指令集，使得学习SINUMERIK数控系统的效率很高。读者通过对本书的学习就可以大大简化对西门子数控系统的学习过程。

　　零件加工过程，本质上是一个工程任务。作为完成这样一个工程任务的载体，SINUMERIK数控系统本身也凝结了很多严谨的工程思维和近乎苛刻的工程实施方法与步骤。所以说，SINUMERIK数控系统完美地展示了德国式的工程思维逻辑和过程方法论。

　　在数字化浪潮席卷各个行业、诸多领域的今天，工业领域比以往任何时候都更需要具有工匠精神的工程师和技工。他们受过良好的操作训练，掌握扎实的基础理论知识，有着敏感的互联网思维，深谙严谨的工程思维和方法论。

　　期待本书和其他西门子公司支持的书籍一样，能够为培养中国制造领域的创新型人才尽一份力，同时也为广大工程技术人员提供更多技术参考。

西门子（中国）有限公司

数字化工业集团运动控制部

机床数控系统总经理

杨大汉

前言
FOREWORD

　　西门子公司自 1960 年推出第一款 SINUMERIK 数控产品至今的 60 年间，与我国机床技术共同成长。SINUMERIK 系列数控产品（SINUMERIK 808D、828D、840D sl）在我国乃至全球的机械制造领域占有很大的市场份额，其先进、强大、创新的数控技术，以及驱动、电动机、控制和用户界面功能，获得了业内人士的肯定和青睐。SINUMERIK 828D 作为一款承上启下的数控系统，以其卓越的性能和独创、便捷的用户界面（SINUMERIK Operate）赢得了国内外市场极佳的好评和广大职业院校的认可，并在第五届全国数控技能大赛（CNCC 2012）中正式进入数控铣工和数控车工赛项，为我国数控技术应用人才的培养、储备起到了重要作用。

　　本书以 SINUMERIK 828D 系统在铣削领域的应用为例，以典型铣削零件为载体，讲解其便捷的操作方法和丰富的编程方法，旨在帮助读者快速掌握 SINUMERIK 数控产品的应用方法。

　　本书在内容的编排上，不仅涵盖了适合初学者的 SINUMERIK 828D 的刀具选择、对刀等基本操作和编程基础指令，以及部分高级指令，如工艺循环指令、R 参数、Shop Mill 的编程实例等专业知识，而且突出对编程者的规范性、严谨性、安全意识等非专业能力的培养。本书基于编程案例，图文并茂，将 SINUMERIK 828D 数控系统铣削编程指令分层级、由易到难，分章节逐步融入数控铣削编程基础能力、综合能力、拓展能力训练案例的解析中；结合实例给出完整的数控加工工艺、加工程序清单，并进行较为细致的说明和解释；针对不同的编程思路、手段，指令的应用范围、注意事项，容易出现的问题、错误和解决方法等进行说明与点评。

　　本书由涂勇、李建华任主编，刘锐、季维军、李刚、夏文斌任副主编。参与编写的还有：韩勇、刘世平、张开学、董光亮、吴陈建、吴新宇、庄剑峰、陈建军、李春强、徐达、郝永刚、皇甫雨亮、刘先生、龚秋生。全书由世界技能大赛数控铣赛项专家组组长鲁宏勋主审。

　　北京联合大学昝华、西门子公司杨轶峰、李晓辉、陈伟华和北京汽车技师学院魏长江为相关章节的编写提供了帮助，北京市工业技师学院的张献锋、王展超，以及数控技师班的学生们和天津市机电工艺学院师生们在程序验证方面给予了大力支持，在此表示衷心的感谢！

　　由于编者水平有限，本书虽经反复推敲和修改，但仍难免存在不足和疏漏之处，恳请广大读者批评指正。

编　者

目录
CONTENTS

第1章
CHAPTER 1

机械制造（金属切削领域）未来发展概述

机械制造业（图1-1）是国民经济的支柱产业。没有发达的机械制造业，就不可能有国家的真正繁荣和富强。机械制造业的发展规模和水平，是国民经济实力和科学技术水平的重要标志之一。自从加入 WTO 以后，我国的制造业迅猛发展。从大的机械工程领域（涵盖机械制造、机电一体化等）来说，随着"中国制造2025"战略的提出，数字化制造技术大面积应用，机械制造（金属切削领域）作为数字化制造领域决定制造产品质量最重要的一环，推动了制造业的转型升级。而就机械制造（金属切削领域）来看，提升产业效率及柔性化最重要的环节，是来自车间级数字化技术的深刻变革。从具体

图1-1 典型的机械制造业

的发展方向来看，包括三个主要方向：加工零件的全数字化管理、生产设备（机床）的数字化双胞胎（又称为数字化孪生）式生产、生产过程的全数字化运营。

1.1 机械制造（金属切削领域）车间级数字化发展方向

1.1.1 加工零件的全数字化管理

从过去 CAD/CAM/CAE 的发展进程来看，基本上绝大多数机械零件的设计过程已经完全由计算机来完成。那么这些计算机上的零件信息，基本上已经完成了数字化。从另外一个角度来讲，零件的性能仿真，如力学性能、化学性能、导电性能、强度、刚度、疲劳强度以及零部件的全数字化管理等各种各样的性能仿真工具，不是真正的物理上进行测试和品质管理，实际上是在软件层面用数字化的模型，对产品的品质、物理化学性能进行管理。比这个更重要的是，越来越多的企业已经开始用全数字化的方式来管理生产工艺：生产工艺文件的派发，已经从纸质文件转换成了数字化的文件；刀具信息、加工工艺、加工程序、检验方法、检测标准，都已经可以通过数字化的方式传递。越来越多的企业，在采用统一的产品主数据库的方式来进行管理，也就是我们常说的 PMD（Product Master Database）。

1.1.2 生产设备（机床）的数字化双胞胎式生产

越来越多的数字化工具和数字化方式支持单台生产设备，比如机床，把它抽象成一个数字化的对象，并把机床和机床之间的这种生产的衔接关系或非机床类的相关的设备，比如物流设备、检测设备、翻转设备、清洗设备以及热处理设备等，都抽象成一个个数字化的对象，然后在计算机中一个虚拟的工厂里面对这些生产设备进行安装调试，并对整个生产线层级进行功能测试、节拍测试以及其他方面的测试。通过这些技术手段使得一个工厂的生产计划过程和生产准备过程，可以从物理世界移到虚拟世界。这样一个重要的基础变化或者发展方向，使得我们的生产准备和生产计划可以更灵活地进行调整，同时也可以在计算机端提前发现并验证方案的可靠性，及时发现方案里的瑕疵和不太容易被识别出来的设计错误。生产设备和机床的数字化双胞胎技术，可以比较好地用虚拟的生产计划与一部分在机床上进行的物理生产准备相结合。同时通过对单台机床在生产和切削过程当中的数据进行管理，可以提前判断出切削效率、加工质量等。生产单位就可以在生产实施和生产优化这两个阶段，更好地用数字化的手段来解决可能出现的问题，并可对生产过程进行优化分析。

1.1.3 生产过程的全数字化运营

对于机械制造业（金属切削领域），在车间这个层面的数字化运营，主要是强调所有的生产设备的运行状态可以在不同的管理系统里面进行数据记录和实时监控，同时，对所有生产设备的运行过程也能够做到实时记录，使得金属切削领域车间级的生产可以完全透明化的方式运营。例如机床的综合使用效率 OEE（Overall Equipment Effectiveness）、刀具的平均寿命、零件的数量、整个生产线上移动的物流效率，通过对这些生产运营的核心数据进行数字化管理，企业的经济效益可以得到较大改善。

在车间这个层面的数字化技术，更多的是用数字化的方式去管理产品，用数字化的方式进行生产准备、生产计划、生产实施以及在线优化，对生产过程的全数字化运营管理。这些需要大量的 IT 知识、数字化方面的网络知识，和对各种各样自动化控制系统知识的全面了解。从机床这个方向来看是各种知识的一个大融合。

1.2 机械制造（金属切削领域）车间级数字化关键技术

1.2.1 数据采集

在一个多台设备构成的车间里，要把不同的设备用有线或者无线的方式连接到一个硬件的平台上，同时要保证网络可以连接不同版本、不同供应商的设备。因为在硬件平台上有大量的实时数据信号，所以确保在这个车间层的网络连接里面不会出现网络延迟、网络堵塞及 IP 冲突是一个非常重要的问题。这是因为工业不允许网络延迟。当然，网络安全也是重中之重，因为车间级的工业网络会传输长周期信号和短周期信号，所以要防止一切有意的黑客破坏和无意的网络干扰。

1.2.2 SCDA 技术

SCDA 系统（Supervisory Control And Data Acquisition，数据采集与监视控制系统）是以计算机为基础的 DCS 监控系统，它在远动系统中占重要地位，可以对现场的运行设备进行监视和控制，以实现数据采集、设备控制、测量、参数调节以及各类信号报警等各项功能，即"四遥"（遥控、遥测、遥信、遥调）功能。它的应用领域很广，可以应用于机械加工、电力、冶金、石油、化工、燃气、铁路等领域的数据采集、监视控制以及过程控制等。

1.2.3 机器人技术

在机械加工领域，工业机器人与数控机床的集成应用，有别于纯粹的自动化装配领域，它是工业机器人应用的一个重要领域。机器人与机床的集成应用层级如图 1-2 所示。

图 1-2 机器人与机床的集成应用层级

目前，它包括简单连接（Eeasy Connect）—装夹控制（Handling）—加工控制（Machining）—直接控制（Direct Control）四个层级水平。从装夹控制（Handling）往更高的层级，不再是传统的 PLC 点对点方式，而是由数控系统进行控制，到直接控制（Direct Control）这个层级，甚至机器人的电动机驱动都被数控系统组件取代。目前，在一些重要领域，如航空航天、3D 模型制造、异形模具等，工业机器人逐渐取代传统五轴数控机床进行大型、异形产品的铣削、装夹、缠绕铺丝（航空领域）等加工。

1.2.4 数字化双胞胎技术

在机械制造的金属切削领域的数字化双胞胎技术，主要由虚拟机床和虚拟调试技术组成。为了解决加工的安全性问题，精确掌握加工节拍，同时减少机内工艺监测及实现系统工业级模拟效果，数字化双胞胎-虚拟机床技术（图1-3）应运而生。该技术（数字孪生，Digital Twin），将数控系统内核（VNCK）和NX集成，保证运算模式和真实数控系统相同，同时把机床的本体和相关的驱动产品包括丝杠的减速比全考虑进去，使得在计算机里就是真实的机床投影。它可以进行与真实机床加工各种复杂工件近乎100%仿真，提前验证数控加工程序的正确性，同时发现并且规避可能的机械干涉和碰撞，精确预知生产节拍，为后续生产执行阶段在真实机床的加工提供安全保障，缩短试制时间，使机床加工在早期就实现最优化，最大限度提高工件加工表面质量和提升产能。

数字化双胞胎-虚拟调试技术（图1-4）其实就是虚拟现实技术在工业领域的应用，通过虚拟技术创建出物理制造环境的数字复制品，以用于测试和验证产品设计的合理性。使用虚拟调试来提前编程和测试机床的机械结构连接、联动情况。减少过程停机时间，机床制造商可以降低将设计转换为产品的过程风险，确保机床"无差"设计，部分样机安装减少时间50%~65%。

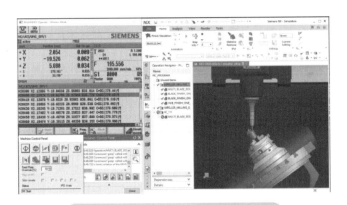

图 1-3　数字化双胞胎 - 虚拟机床技术

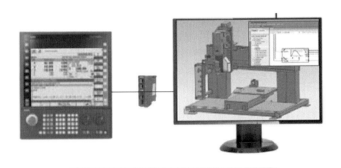

图 1-4　数字化双胞胎 - 虚拟调试技术

1.2.5　切削过程实时分析技术

借助机床状态分析软件（如西门子 Analyze My Performance），通过安装在制造部门机床上的 A 客户端持续不断地获取机床加工的信息和状态，包括默认数控数据（例如：数控的方式组、进给倍率、故障信息等）、配置外数据（例如：压缩空气状态，机床刀具状态，工件更换系统等），用以计算设备 OEE（综合使用效率）指标。通过切削过程分析：第一，可以提高设备生产率，提供关于系统状态的信息数据，通过分析从而提高机床效率，快速方便地分析和优化数控程序；第二，改进设备可用性，通过系统分析（可以远程）防止设备故障，从而提高机器利用率，避免产生故障；第三，增加了灵活性，显示故障的平均持续时间及其在总体计划机器使用时间中的百分比，便于数控程序的集中管理。

1.2.6　机床状态管理技术

借助集成自动化（SIMA TIA WinCC 软件），无须具备高级语言编程技能，任何熟悉工艺的专业人员都能操作和监视机床界面，使机床操作变得简单、高效，并满足个性化的要求。凭借机床管理软件（如西门子 Manage My Machines）可以轻松快速地将数控机床与云平台（如西门子工业云 MindSphere）等相连，实时采集、分析和显示相关机床数据，使用户能清晰地了解机床的当前以及历史运行状态，从而缩短机床停机时间，提高产能，优化生产服务和维修流程，为预防性维护提供可靠依据，实现高端制造业的重要途径。

1.3　机械制造（金属切削领域）车间级数字化实施路径

机床用户使用机床生产工件，一个工件如何由需求、构思到合格的产品，涵盖整个产品生命周期的全数字化方案：产品设计，生产计划，生产工程，生产制造，服务（图 1-5）。所有环节基于统一的数据管理平台 Teamcenter 共享数据，互相支持和校验，实现设计产品和实际产品的高度一致，数字化双胞胎在整个过程中发挥着重要作用。

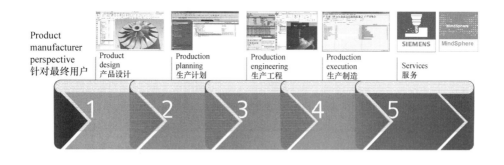

图 1-5　全数字化方案

在此以叶轮（图 1-6）的研发和生产为例，针对机床用户的整体数字化解决方案进行探讨。

图 1-6　叶轮三维模型与实际产品样例对比

1.3.1　产品设计

在产品设计阶段，当工件叶轮的需求明确后，首先需要进行产品设计。依托 CAD 软件可以协助用户方便高效地完成产品的 3D 模型设计。

1.3.2　生产计划

当产品设计完成之后，如何规划后续的生产和确保质量，Teamcenter（图 1-7）工件工艺规划模块（Part Planner）可以协助进行科学、透明可追溯的规划。

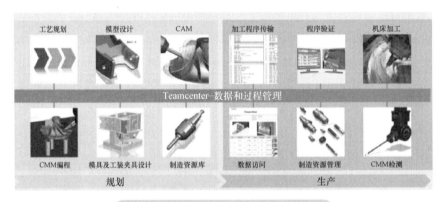

图 1-7　Teamcenter- 数据和过程管理

一个工件从构思到一个合格的产品，需要进行科学合理的规划，涵盖从软件虚拟世界的工艺规划、3D 设计、切削策略、测量策略，以及机床设备、工装夹具、切削刀具等生产资源规划，到物理世界的生产资源的透明度、生产资源准备、工件在机床设备的实际切削和成品的质量检测和质量控制，全过程的所有数据都由 Teamcenter 统一管理，保证了数据的共享和一致性。

1.3.3　生产仿真

在这个阶段可以通过软件的帮助，在进行实际产品生产之前，在软件中进行产品仿真验证，保障后续实际生产。

叶轮工件使用 NX CAD 进行 3D 设计之后，使用 NX CAM 结合 Teamcenter 制造资源库中丰富的刀具数据制订加工策略，之后可以生成数控程序、刀具清单和作业指导书，用于后续的实际生产。

数控程序有没有语法错误？叶轮工件在机床的加工过程中有没有机械干涉和碰撞？加工节拍多长时间？在工件的实际机床生产验证之前回答诸如此类的问题，这是工件加工仿真的理想环境（图1-8）。

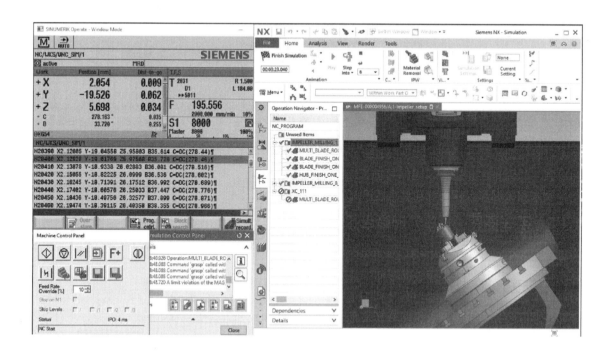

图1-8　使用数字化双胞胎-虚拟机床对加工叶轮进行模拟

数字化双胞胎-虚拟机床的原理：在软件的CAM环境中，将基于真实的工装夹具、工件、刀具及机床的3D数据，输入到CAM软件的虚拟数控系统中，呈现和物理机床近乎相同的测试环境。VNCK和Sinumerik硬件数控系统具备相同的控制内核，虚拟工件在由VNCK驱动的虚拟机床上进行切削加工仿真，整个仿真加工过程和实际工件的物理加工过程几乎一致。

数控程序经过虚拟机床仿真加工过程，验证了数控程序的正确性，可提前发现并且规避可能的机械干涉和碰撞，精确预知生产节拍，为后续生产执行阶段的实际工件加工提供了安全保障并缩短了试制时间。

1.3.4　生产制造

自此，工件从软件世界进入现实物理世界的生产阶段，进入生产车间。生产管理非常复杂，涉及资源管理（图1-9），生产安排等，在此仅就资源管理做一些探讨。

机床管理方面：安排生产时，需要掌握机床设备的实时状态和设备效率，通过机床绩效分析软件（如西门子AMP，Analyze My Performance）可以实时采集机床状态，分析机床的整体设备效率（OEE）、可用性、生产力等，并且可以将这些数据上传到制造执行系统（MES）用于生产安排。

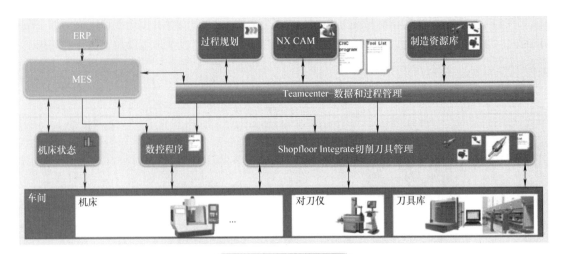

图 1-9　车间资源管理

程序管理方面：在生产仿真阶段经过仿真验证的数控程序上传至产品全生命周期管理的协同应用系统（如 Teamcenter），然后根据生产安排把数控程序通过程序管理软件（如西门子 MMP，Manage My Programs）传到目标机床（备注：MMP 还可以标注程序版本和属性，管理使能，集中有效透明地管理数控程序）。

刀具管理方面：切削刀具的管理是一项重要且复杂的工作，需要清楚每台机床上刀具的品类、数量和寿命等，需要清楚刀具库房的刀具部件和成品刀具的情况，需要清楚对刀站的情况，需要清楚所需采购刀具的技术数据，更重要的是所有这些需要一个高效、透明的数字化管理平台。车间资源管理软件 SFI RM（Shopfloor Integrate Resource Management）+ 刀具管理软件 MMT（Manage My Tools）平台就可以执行此项任务。

和数控程序一样，在生产仿真阶段经过仿真验证的刀具清单由 NX CAM 上传至 Teamcenter，然后释放到 SFI RM + MMT。刀具清单中的刀具是否都存在于目标机床？缺失刀具是否在刀具成品库？缺失刀具是否需要组装？组装需要的刀具部件存放于刀具部件库的什么位置？如何组装？哪些刀具需要在对刀站进行测量？测量之后数据如何传输到目标机床？新刀具如何安装到目标机床？这些都可通过 SFI RM + MMT 软件实现，可指导操作人员准备好需要的刀具和数据，并且在目标机床上安装好所需要的刀具，全程数据基于网络并可进行追溯，便于管理。

工件生产和产品检验方面：将生产资源准备好后，操作人员按照来自生产工程阶段的作业指导书进行工件准备、试切，之后进入质量检测环节，根据质量检测的数据可对产品设计、生产规划和生产仿真进行必要的改进，所有这些工作都可通过 Teamcenter 统一管理，确保数据的一致性。

1.3.5　服务

如何减少机床停机时间，提高设备利用率？最重要的是设备的维护。

机床状态分析软件（如西门子 AMC）可以协助用户掌握透明的机床状态，定期进行设备的性能测试，提供维护建议，进行有效的预防性设备维护。除此之外，基于开放物联网 IoT 操作系统的工业云（如西门子 MindSphere 等）及其机床管理软件（如西门子 MMM，Manage My Machines），可以实时采集设备状态和用户定制的设备数据，生成设备看板和设备状态表，协助用户科学地规划设备使用和维护方案。

习　　题

1. 车间级数字化技术的深刻变革的三个主要方向是什么？
2. PMD、OEE、SCADA 缩写的意思是什么？
3. 覆盖整个产品生命周期的全数字化方案的内容是什么？
4. 机械制造（金属切削领域）车间级数字化关键技术有哪些？

第2章

CHAPTER 2

数控铣削技术基础

2.1 数控铣削技术综述

2.1.1 数控铣床的用途

图 2-1a 所示数控铣床是目前国内使用极为广泛的一种数控机床,它是采用铣削加工方式加工工件的数控机床。尽管随着加工中心(图 2-1b)的兴起,数控铣床在数控机床中的所占比例有所下降,但由于有较低的价格、方便灵活的操作性能、较短的准备工作时间等优势,数控铣床仍被广泛地应用在制造行业。

a) 数控铣床

b) 加工中心

图 2-1　数控铣床与加工中心对比图

数控铣床加工功能很强，能够铣削各种平面轮廓和立体轮廓工件。配上相应的刀具后，数控铣床还可以用来对工件进行钻、扩、铰、锪和镗孔及螺纹加工等。图 2-2 所示为数控铣床加工的典型产品工件示例。

图 2-2　数控铣床加工的典型产品工件示例

2.1.2　数控铣床的分类

数控铣床的种类很多，按控制坐标的联动数可分为二轴半、三轴、三轴半、四轴、五轴等联动数控铣床。半轴是指该轴只能做单独运动，不能与其他各轴联动。按机床的主轴布局形式分为立式数控铣床、卧式数控铣床和立卧两用数控铣床（本书侧重数控铣削编程，多轴加工不在此讲述）。

1. 根据主轴布局形式分类

（1）立式数控铣床　立式数控铣床是数控铣床中最常见、应用范围最广泛的一种布局形式，其主轴轴线垂直于水平面。此类机床以二轴半、三轴联动居多，若附加一个旋转坐标，还可以转变为四轴联动立式数控铣床，如图 2-3 所示。

（2）卧式数控铣床　卧式数控铣床的主轴轴线平行于水平面，主要用来加工工件的侧面。为扩大加工范围，一般增加数控转盘实现四轴甚至五轴联动。这样，工件经过一次装夹，数次转动而完成多

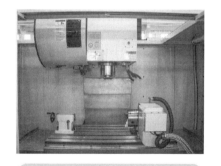

图 2-3　四轴联动立式数控铣床

方位的加工，特别在箱体类工件加工中具有明显的优势，如图 2-4 所示。

a) 卧式加工中心 　　　　　　　　　　　　　　b) 卧式数控铣床

图 2-4　卧式加工中心与卧式数控铣床对比图

（3）立卧两用数控铣床　立卧两用数控铣床（又称为立卧转换数控铣床）的主轴轴线方向可以变换，使一台机床既具有立式数控铣床的功能又具有卧式铣床的特点，使机床的适用范围更加广泛。但此类机床结构复杂，一般可通过手动更换立卧主轴头或者主轴本身可以通过自身分度或旋转调整立卧状态，价格昂贵，比较少见，如图 2-5 所示。

图 2-5　立卧两用数控铣床及其机械结构

2. 根据控制方式分类

1）开环控制数控铣床　其控制端将加工程序处理后，输出数字指令信号给伺服驱动系统，驱动机床运动。由于没有检测反馈装置，因此不能检测运动的实际位置。开环系统的速度和精度都比较低，但是控制结构简单、调试维修方便、成本低，所以开环控制数控铣床广泛用作经济型数控铣床。

2）半闭环控制数控铣床　其系统不直接检测运动部件的位移量，而是采用转角位移检测，测出伺服电动机或丝杠的转角，推算出运动部件的实际位移量，反馈到计算机中进行比较。这种控制方式精度较高、稳定性好，所以半闭环控制数控铣床比较普遍。

3）全闭环控制数控铣床　这种机床在运动部件安装位置检测元件，将部件实际位移量反馈到计算机中，与所要求的位移指令对比，根据比较的差值进行修正，直到差值为零。全闭环控制数控铣床加工精度高，移动速度快，但是调试维修复杂、成本高，多用于精度高的加工。

2.2　数控铣床的主要功能

2.2.1　数控铣床的一般功能

不同的数控铣床（或配置的数控系统不同）其功能也不尽相同，但一般都具有下列功能：

（1）点位控制功能　此功能可以实现相互位置精度要求很高的孔系加工。

（2）连续轮廓控制功能　此功能可以实现直线、圆弧的插补功能及非圆曲线的加工。

（3）刀具半径补偿功能　此功能可以根据零件图标注的尺寸来编程，而不必考虑所用刀具的实际半径尺寸，从而减少编程时的复杂数值计算。

（4）比例及镜像加工功能　比例功能可将编好的加工程序按指定比例改变坐标值来执行。镜像加工又称轴对称加工，如果一个工件的形状关于坐标轴对称，那么只要编出一个或两个象限的程序，而其余象限的轮廓就可以通过镜像加工来实现。

（5）旋转功能　该功能可将编好的加工程序在加工平面内旋转任意角度来实现。

（6）子程序调用功能　有些工件需要在不同的位置上重复加工同样的轮廓形状，将这一轮廓形状的加工程序作为子程序，在需要的位置重复调用，就可以完成该工件的加工。

（7）宏程序功能　该功能可用一个总指令代表实现某一功能的一系列指令，并能对变量进行运算，使程序更具灵活性和方便性。

2.2.2　数控铣床的特殊功能

对于不同的数控铣床，在增加了某些特殊装置或附件以后可具备或兼备一些特殊功能：

（1）刀具长度补偿功能　利用该功能可以自动改变切削面高度，同时可以降低对制造与返修时刀具长度尺寸的精度要求，还可以弥补刀具轴向误差。尤其是当具有 A 轴、B 轴两个主轴摆动坐标的四轴或五轴数控铣床联动加工时，会因铣刀摆角（沿刀具中心旋转）而造成刀尖离开加工面或形成过切。为了保持刀具始终与加工面相切，当刀具摆角运动时，必须随之进行 X 轴、Z 轴或 Y 轴、Z 轴的附加运动来实现四轴联动加工，或进行 X 轴、Y 轴、Z 轴的同时附加运动来实现五轴联动加工。这时，若没有刀具长度自动补偿功能将十分麻烦。

（2）靠模加工功能　有些数控铣床增加了靠模（如计算机仿形）加工装置后，可以在数控和靠模两种控制方式中任选一种来进行加工，从而扩大了机床的使用范围。

（3）自动交换工作台功能　有的数控铣床带有两个或两个以上的自动交换工作台，当一个工作台上的工件进入加工时，另一个工作台上可以对工件进行检测与装卸。当工件加工完后，工作台进行自动交换，机床又马上进入加工状态，如此往复进行，可大大缩短准备时间，提高生产率。

（4）自适应功能　具有该功能的数控机床可以根据加工过程中检测到的切削状况（如切削力、温度等）的变化，通过自适应性控制系统及时控制机床改变切削用量，使铣床和刀具始终保持最佳状态，从而获得较高的切削效率和加工质量，延长刀具寿命。

（5）数据采集功能　数控铣床在配置了数据采集系统后（包括样板、样件、模型等）可以进行测量并采集所需要的数据。而且，目前已出现既能对实物扫描采集数据，又能对采集到的数据进行自动处理并生成数控程序的系统，简称录返系统。这种功能为那些必须按实物依据生产的工件实现数控加工带来了很大方便，大大减少了对实样的依赖，为仿制与逆向设计／制造一体化工作提供了有效手段。

2.3　数控铣床的加工工艺范围

数控铣床可以加工许多普通铣床难以加工甚至无法加工的工件。它以铣削加工为主，辅以各种孔加工以及螺纹铣削，主要可加工以下种类的工件。

2.3.1　平面类工件

平面类工件是指加工面平行或垂直于水平面，以及加工面与水平面的夹角为一定值的工件，这类加工面可展开为平面。这类工件的数控铣削或孔加工相对比较简单，主要有平面凸轮、齿轮箱体和法兰盘等工件。

如图 2-6 所示，三个工件均为平面类工件。其中，曲线轮廓面 M 垂直于水平面，可采用圆柱立铣刀加工。凸台侧面 N 与水平面成一定角度，这类加工面可以采用专用的角度成形铣刀来加工。对于斜面 P，当工件尺寸不大时，可用斜板垫平后加工。当工件尺寸很大，斜面坡度又较小时，也常用行切加工法加工，这时会在加工面上留下进刀时的残留痕迹，要用钳工方法加以清除。

a) 曲线轮廓面 M　　　　b) 斜面 P　　　　c) 凸台侧面 N

图 2-6　平面类工件

2.3.2　变斜角类工件

变斜角类工件是指加工面与水平面的夹角连续变化的工件，其加工面不能展开为平面，此类工件有移动凸轮等。图 2-7 所示工件就是一种变斜角类工件，从截面（1）至截面（2）时，其与水平面间的夹角（斜角）从 3°10′ 均匀变化为 2°32′，从截面（2）到截面（3）时，斜角又均匀变化为 1°20′，最后到截面（4），斜角均匀变化为 0°。变斜角类工件的加工面不能展开为平面。

当采用四轴或五轴数控铣床加工变斜角类工件时，加工面与铣刀圆周接触的瞬间为一条直线。这类工件也可在三轴数控铣床上采用行切加工法实现近似加工。

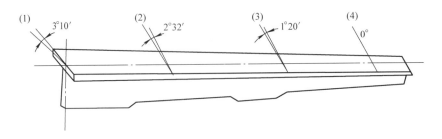

图 2-7　变斜角类工件

2.3.3　立体曲面类工件

加工面为空间曲面的工件称为立体曲面类工件。这类工件的加工面不能展成平面，一般使用球头立铣刀切削，加工面与铣刀始终为点接触，若采用其他刀具加工，易产生干涉而铣伤邻近表面。加工立体曲面类工件一般使用三轴数控铣床，采用以下两种加工方法。

（1）行切加工法　采用三轴数控铣床进行二轴半坐标控制加工，即行切加工法。如图 2-8 所示，球头立铣刀沿 XY 平面的曲线进行直线插补加工，当一段曲线加工完后，沿 X 方向进给 ΔX 再加工相邻的另一曲线，如此依次用平面曲线来逼近整个曲面。相邻两曲线间的距离 ΔX 应根据表面粗糙度的要求及球头立铣刀的半径选取。球头立铣刀的球半径应尽可能选得大一些，以增加刀具的刚度，提高散热性，降低表面粗糙度值。加工凹圆弧时的铣刀球头半径必须小于被加工曲面的最小曲率半径。

（2）三轴联动加工　采用三轴数控铣床三轴联动加工，即进行空间直线插补。如半球形，可用行切加工法加工，也可用三轴联动的方法加工。这时，数控铣床用 X 轴、Y 轴、Z 轴三轴联动的空间直线插补，实现球面加工，如图 2-9 所示。

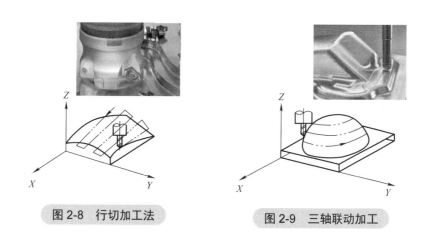

图 2-8　行切加工法　　　　　图 2-9　三轴联动加工

2.4　数控系统功能介绍

数控系统是数控机床的核心控制元件，是数控机床的"大脑"，了解数控系统的功能应用是学习数控系统的基础。

2.4.1　西门子数控系统的发展历程

西门子数控系统是高档数控系统之一，其发展历程如图 2-10 所示。

目前市场通用的西门子数控系统，从产品的定位角度来分，分为 808D（入门型产品）、828D（中档数控或紧凑型产品）、840D sl（高档数控或高端产品），其性能及特点根据应用的领域不同而有所差异，但是整体编程操作方式和操作界面大体相同，其种类和性能特点如图 2-11 所示（本书主要基于 828D 数控系统）。

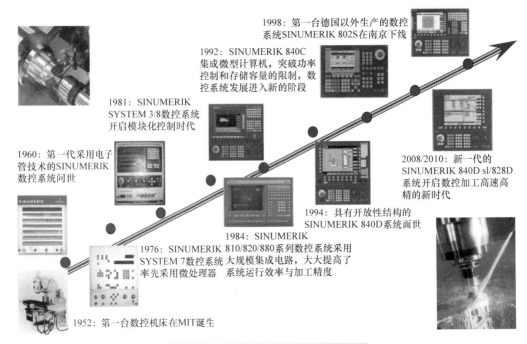

1998：第一台德国以外生产的数控系统SINUMERIK 802S在南京下线

1992：SINUMERIK 840C集成微型计算机，突破功率控制和存储容量的限制，数控系统发展进入新的阶段

1981：SINUMERIK SYSTEM 3/8数控系统开启模块化控制时代

1960：第一代采用电子管技术的SINUMERIK数控系统问世

2008/2010：新一代的SINUMERIK 840D sl/828D系统开启数控加工高速高精的新时代

1994：具有开放性结构的SINUMERIK 840D系统面世

1984：SINUMERIK 810/820/880系列数控系统采用大规模集成电路，大大提高了系统运行效率与加工精度

1976：SINUMERIK SYSTEM 7数控系统率先采用微处理器

1952：第一台数控机床在MIT诞生

图 2-10　西门子数控系统的发展历程

图 2-11　西门子数控系统的种类和性能特点

2.4.2　SINUMERIK 828D 数控系统

（1）SINUMERIK 828D 数控系统基本产品参数

1）基于操作面板的紧凑型数控系统。

2）适用于车床、铣床和齿轮加工机床。

3）多达 10 轴 / 主轴和 2 辅助轴，最高可以达到五轴四联动。

4）2 个加工通道，10.4in/15.6in（1in≈2.54cm）彩色显示屏，S7-200 PLC。

（2）SINUMERIK 828D 数控系统功能

1）在支持铣削工艺的功能方面具备丰富的铣削、车削、钻削工艺循环；扩展系统卡用户存储空间；DXF Reader 图样转化功能；EES（从外部存储器执行程序）功能；在线测量循环；灵活便捷的端面和柱面转换；3D 模拟；实时模拟；工步编程 Shop Mill（可以按照工艺顺序编程）；剩余材料检测和加工；扩展操作功能；平衡切削功能；多通道同步编程。

2）在支持铣削操作的功能方面具备快捷简便的手动工件、刀具设置、测量功能，丰富、强大的刀具管理功能。

3）在支持铣削工艺的二次开发方面具备自适应摩擦补偿功能，双向螺距丝杠误差补偿、多维垂度补偿功能。

2.5 数控铣床系统操作入门

以下通过常用的对刀和新建（或选择）加工程序及相应的执行操作能够快速学会数控系统的操作。

2.5.1 测量刀具

测量刀具一般也称"对刀操作"，包括在数控铣床开机后并确认机床坐标系已经生效，并开始的操作过程。其主要操作步骤如下：

1）按下【测量刀具】功能软键，再按下屏幕右侧上方的【手动长度】软键，如图 2-12 所示。

2）进入到手动长度测量界面以后，首先要将刀具沿 Z 轴移动到专门用于测定刀具长度的"固定点"的上表面（图 2-13），通常为了保护固定点的上表面不被刀具刃口划伤，可以在刀具与固定点之间放置一个厚度比较精准的标准量块进行间接接触。

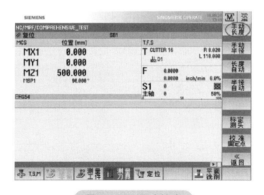

图 2-12 手动长度

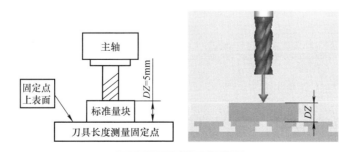

图 2-13 固定点上表面

3) 接着，将光标移动到"手动测量长度"窗口中的"参考点"处，并用选择键 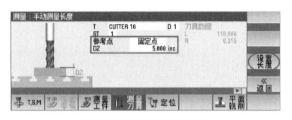 将其切换为"固定点"模式，如图 2-14 所示。然后，将光标下移到"DZ"后面，填入量块的厚度值（单位：mm）。最后按下屏幕右侧的【设置长度】软键，测量后的刀具长度值会自动输入刀具表。

图 2-14　固定点模式

2.5.2　测量工件

1) 按下水平功能软键【测量工件】，如图 2-15 所示，再按下屏幕右侧的软键【设置零偏】，选择 分中测量模式。

2) 在"零偏"处选择 G54，"X0"和"Y0"处都填写为"0"。

3) 如图 2-16 所示，用刀具边沿或者寻边器依次接触 P1、P2、P3 和 P4 位置点，每接触一点，就按下屏幕右侧的对应软键【保存 P1】、【保存 P2】、【保存 P3】以及【保存 P4】。最后，按下屏幕右侧下方的【设置零偏】软键，将直角拐点的位置写入零偏表中 G54 相应的位置中。

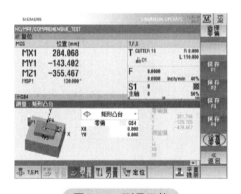

图 2-15　测量工件

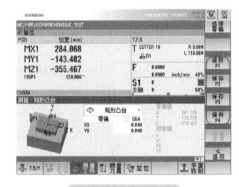

图 2-16　设置零偏

2.5.3　程序运行

在程序处于关闭状态，按下键盘中的 ，进入程序管理窗口。

用光标键选中加工程序后，不必打开该程序，直接按下屏幕右侧的功能键【执行】，即可直接进入自动方式下的加工界面中。

直接按下机床控制面板上的【CYCLE START】 按钮打开【主轴倍率开关】 和【进给倍率开关】 即可运行加工程序。

如果加工程序程序处于编辑状态，直接按下屏幕下方最右边的【执行】功能键，也可以自动进入程序执行状态，如图 2-17 所示。

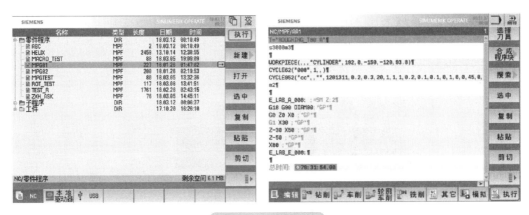

图 2-17　程序执行

2.6　SINUMERIK 828D 数控铣削系统操作及编程基础

2.6.1　熟悉 SINUMERIK 828D 数控铣削系统

SINUMERIK 828D 数控铣削的操作面板如图 2-18 所示。

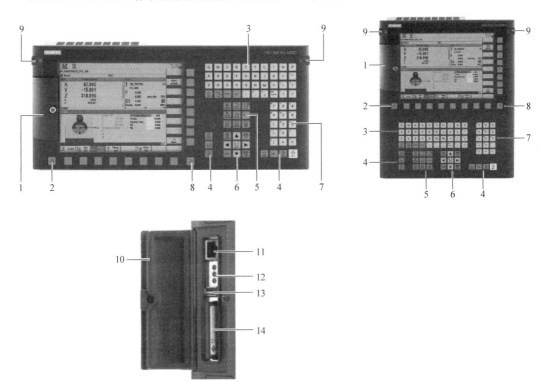

图 2-18　面板操作单元横、竖版

1、10—用户接口的保护盖　2—菜单回调键　3—字母区　4—控制键区　5—热键区　6—光标区　7—数字区

8—菜单扩展键　9—3/8in 螺孔，用于安装辅助装置　11—Ethernet（维修插口）X127　12—状态 LED RDY、NC、CF

13—USB 插口 X125　14—CF 卡的插槽

在操作面板上可进行 SINUMERIK Operate 操作界面的（屏幕）显示和操作（硬键和软键）。面板处理单元 PPU 280 是用于操作控制系统和运行加工机床的典型组件。

图 2-19 说明了面板处理单元热键区、光标区功能按键的功能。

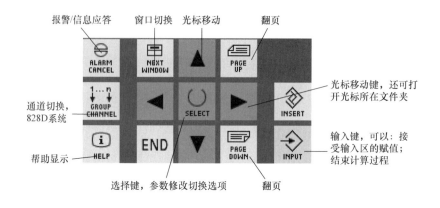

图 2-19　面板处理单元热键区、光标区功能按键的功能

2.6.2　数控机床坐标系

为了便于在编程时描述数控机床的运动，简化程序的编制方法，保证加工数据的合理性，国际标准化组织对数控机床的坐标系和运动的方向均已做出标准化规定。

为了使机床和系统可以按照数控程序给定的位置加工，控制机床的运动方向和运动的距离，必须建立一个机床坐标系统，统一规定数控机床坐标系各轴的名称及其正负方向，这样可使数控机床的控制系统分别对各进给运动实时控制，使编制的加工程序对同类型机床具有通用性。

（1）坐标系的概念　配置 SINUMERIK 828D 数控系统的铣床具有强大的编程和加工功能。为了使机床性能更好地发挥，编写出优秀的加工程序，必须深刻理解数控机床坐标系的概念。

数控铣床的坐标系分以分为：①机床坐标系（MCS），使用机床零点 M；②基准坐标系（BCS）；③基准零点坐标系（BNS）；④可设定的零点坐标系（ENS）；⑤工件坐标系（WCS），使用工件零点 W。

1）机床坐标系（MCS）。机床坐标系由所有实际存在的机床轴构成，坐标系与机床的相互关系取决于机床的类型。标准的机床坐标系是一个右手法则笛卡儿直角坐标系，如图 2-20 所示。轴方向由所谓的右手"三指定则"确定。站到机床面前，伸出右手，中指与主要主轴进刀的方向相对，然后可以得到：大拇指为方向 +X，食指为方向 +Y，中指为方向 +Z。

用 A、B 和 C 分别表示围绕 X 轴、Y 轴和 Z 轴的旋转运动。从坐标轴正方向观察，当顺时针旋转时旋转方向为正。机床坐标系（MCS）六个轴方向如图 2-21 所示。

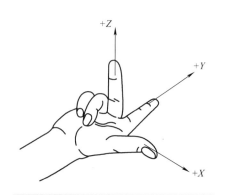

图 2-20　右手法则笛卡儿直角坐标系

2）基准坐标系（BCS）。工件总是在一个二维或者三维的垂直坐标系中（WCS）编程。但加工工件时经常需要使用带回转轴或非垂直排列的直线轴的机床。为了将 WCS 中编程的坐标（直角）投影到实际的机床轴运动中，需要用到运动转换。

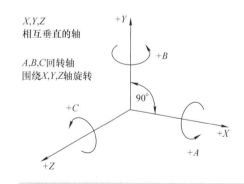

基准坐标系（BCS）由三条相互垂直的轴（几何轴）以及其他没有几何关系的轴（辅助轴）构成。不带运动转换的机床（如三轴铣床）基准坐标系（BCS）被投影到 MCS 上时，BCS 和 MCS 总是重合的，如图 2-22 所示。

图 2-21　机床坐标系（MCS）六个轴方向

带运动转换的机床，包含运动变换（如五轴变换、TRANSMIT / TRACYL / TRAANG）的 BCS 被投影到 MCS 上时，BCS 和 MCS 不重合。在该机床上，机床轴与几何轴必须使用不同的名称，如图 2-23 所示。

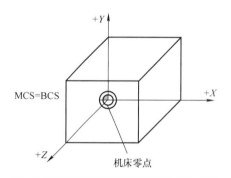

图 2-22　MCS= 不带运动转换的 BCS

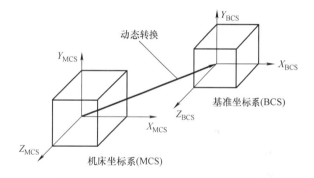

图 2-23　MCS 和 BCS 间的运动转换

3）基准零点坐标系（BNS）。基准零点坐标系（BNS）由基准坐标系通过基准偏移后得到，如图 2-24 所示。所谓基准偏移，是表示基准坐标系（BCS）和基准零点坐标系（BNS）之间的坐标转换。它可以确定例如托盘零点等数据。基准偏移由外部零点偏移、DRF 偏移、已叠加的运动、链接的系统框架和链接的基准框架等部分组成。

4）可设定的零点坐标系（ENS）。通过可设定的零点偏移，可以由基准零点坐标系（BNS）得到可设定的零点坐标系（ENS）。在数控程序中使用 G 指令 G54~G59 和 G507~G599 来激活可设定的零点偏移，如图 2-25 所示。

> **说明**：在一个数控程序中，有时需要将原先选定的工件坐标系（或者可设定的零点坐标系）通过位移、旋转、镜像或缩放定位到另一个位置。这可以通过可编程的坐标转换（框架）进行。可编程的坐标转换（框架）总是以可设定的零点坐标系为基准。

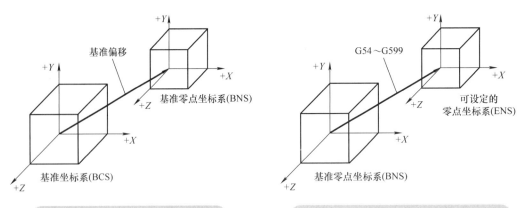

图 2-24　基准零点坐标系（BNS）　　　　图 2-25　可设定的零点坐标系（ENS）

5）工件坐标系（WCS）。工件坐标系（WCS）是编程和加工时使用的坐标系，工件坐标系始终是直角坐标系，并且与具体的工件相联系。它是工件加工程序的参考坐标系。工件坐标系的位置以机床坐标系为基本参考点，工件坐标系零点可以由编程人员选取。编程中常用的坐标系形式有直角坐标系和极坐标系两种。

6）当前工作坐标系

本书在描述加工程序中和介绍系统界面操作中还会使用到"当前工作坐标系"的概念。其是指在加工程序中所规定使用的当前处于工作状态的坐标系，包括机床坐标系、工件坐标系、相对或局部坐标系等。

（2）坐标系之间的关联性　前面介绍了五个坐标系的概念，图 2-26 中再次说明了各种坐标系之间的相互关联性。

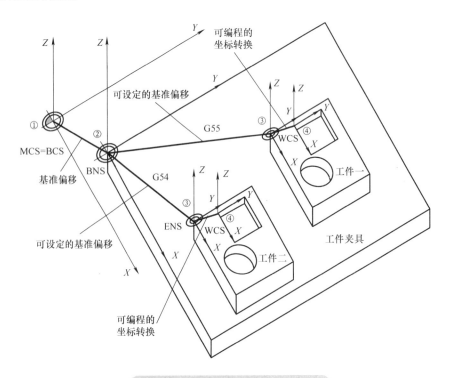

图 2-26　五种坐标系之间的关联性

1）运动转换未激活，即机床坐标系（MCS）与基准坐标系（BCS）重合。

2）基准偏移得到带有托盘零点的基准零点坐标系（BNS）。

3）零点偏移 G54 或 G55 来确定用于工件 1 或工件 2 的可设定零点坐标系（ENS）。

4）可编程的坐标转换确定工件坐标系（WCS）。

5）可编程的坐标转换（框架）未激活时，可设定的零点坐标系（ENS）为工件坐标系（WCS）。

（3）编程中的零点和基准参考点　在一台数控机床上定义了各种零点和基准参考点。本书在描述铣削加工编程中，零点和基准参考点使用的图符见表 2-1。

表 2-1　零点和基准参考点使用的图符

类别	图符	标记符	定义
零点	⊕	M	机床零点。使用机床零点可以确定机床坐标系（WCS），所有其他参考点都以机床零点为基准
	⊕	W	工件零点＝编程零点。以机床零点为基准的工件零点，可以用来确定工件坐标系
基准参考点	⊕	R	参考点。通过凸轮和测量系统所确定的位置。必须先知道它到机床零点 M 的距离，这样才能精确设定轴的位置
	⊕	B	起点。可以由程序确定，第 1 刀具从该点开始加工
	⊕	N	换刀点。需要考虑不会发生刀具与工件或夹具等的干涉

2.6.3　铣削加工基本编程指令

（1）数控加工编程语言　数控机床加工程序是数控机床实际运动顺序的功能指令的有序集合。所谓数控加工编程就是把工件的工艺过程、工艺参数、机床的运动以及刀具位移量等信息用数控语言记录在程序单上，并经校核的全过程。

由于 DIN 66025 所规定的指令程序段已经无法应对先进机床上的复杂加工过程编程，因此又添加了数控高级语言指令。除了 G、M、T、S 和 F 指令外，还有许多指令由多个地址符（一般用单词字母缩写的形式表示）构成，例如：SPOS 用于主轴定位指令。

SINUMERIK 828D 数控系统（的编程代码）除了支持由 DIN 66025 所规定的指令和数控高级语言指令外，还可以支持 ISO 标准指令系统，使用中可以随时进行切换。方便了已经熟悉 ISO 指令语言的用户掌握西门子数控系统配置的机床。

（2）程序段构成内容　一个完整的数控加工程序由程序开始部分、若干个程序段和程序结束部分组成。

1）程序语句。程序语句又称程序段。一个程序段表示一个完整的加工工步或动作，包含了执行一个加工工步的数据。每个刀具轨迹运动的工艺数据要作为单独的指令写出，由这种先后排列的指令便可组成一条完整的加工工步程序。

2）指令字。一个程序段是由一个或若干个指令"字"组成，指令代表某一信息单元；一个指令"字"由地址符和数字（有些数字还带有符号）组成，这些字母、数字、符号统称为字，它代表机床的一个位置或一个动作。

① 地址符。地址符（地址）通常为一个字母，用来定义指令的含义。在编制数控程序时，下面的符号可以使用：

- 大写字母：A，B，C，D，E，F，G，H，I，J，K，L，M，N，（O），P，Q，R，S，T，U，V，W，X，Y，Z。
- 小写字母：a，b，c，d，e，f，g，h，i，j，k，l，m，n，o，p，q，r，s，t，u，v，w，x，y，z。
- 数字：0，1，2，3，4，5，6，7，8，9。
- 特殊符号（见表 2-2）。

说明：小写字母和大写字母没有区别（例外：刀具调用）。不可表述的特殊字符与空格符一样处理。

注意：字母"O"不要与数字"0"混淆！

数字或数字串表示赋给该地址符的值。数字串可以包含一个符号和小数点，符号位于地址字母和数字串之间。正号（+）和后续的零（0）可以省去。

- 每个单独的指令可作为一个程序段。
- 一个程序段可由一个或多个指令组成。
- 一个程序段内不得有两个相同的地址！

每个程序段结束处应有段结束标志符"LF"，表示该程序段结束转入下一个程序段。

表 2-2　编程使用的特殊符号

特殊符号	含义	特殊符号	含义
%	程序起始符（仅用于在外部 PC 上编程）	+	加法
(	括号参数或者表达式	−	减法，负号
)	括号参数或者表达式	*	乘法
[	括号地址或者组变址	/	除法，程序段跳跃
]	括号地址或者组变址	=	分配，相等部分
:	主程序，标签结束，级联运算器	<	小于
'	单引号，特殊数值标志	>	大于
"	引号，字符串标志	.	小数点
$	系统自带变量标志	;	注释引导
,	逗号，参数分隔符	制表符	分隔符
_	下划线，与字母一起	空格键	分隔符（空格）
&	格式化符，与空格符意义相同	?	备用
LF	程序段结束	!	备用

② 标识符。标识符（定义的名称）用于系统变量、用户定义变量、关键字、跳转标记等。

注意：标识符必须是唯一的，不可以用于不同的对象。

③ 功能字符。功能字符有程序控制运行符、除运算符、逻辑运算符、运算功能和控制结构

外，还有程序段结束符、跳步符（／）、程序注释符（；）等。

3）程序段格式。目前广泛采用地址符的可变程序段的书写格式。在这种格式中，指令字的排列顺序没有严格的要求，指令字的数目以及指令字的长度都是可变化的。各种指令并非在程序的每个程序段中都必须有，而是根据各程序段的具体功能来编入相应的指令，不需要的指令字以及与上段相同的模态指令字可以不写。这种格式的特点是程序简单、可读性强、易于检查。

4）指令的有效性。指令可分为模态有效或逐段（非模态）有效两类：

① 模态有效。模态有效的指令可以一直保持编程值的有效性（在所有后续程序段中），直到在相同的指令中编写了新的值或被同一组的另一个功能指令注销为止。

② 逐段（非模态）有效。逐段有效的指令只在所规定的程序段中生效。程序段结束时即被注销。

程序语句结构：

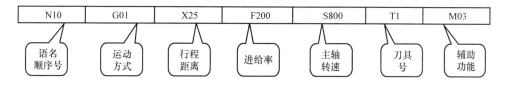

5）程序结束。最后一个程序段包含一个特殊字，表明程序段结束：M2、M17 或者 M30。

（3）程序段指令字编写规则　程序和程序段内容的规范编写，无论对初学者还是熟练者来说，都是一项基本要求。因为，编程人员与他人进行编程交流的基本媒介是程序清单。一个结构清晰、格式规范、注释简单而明了的程序清单是使大家能够看明白的基本条件。

1）程序段号。数控程序段可以在程序段开始处使用程序段号进行标识。程序段号由一个字符"N"和一个正整数构成，例如"N40"。

程序段号的顺序可以任意，推荐使用升序的程序段号。在一个程序中，程序段号必须是唯一的，这样在进行程序搜索时会有一个明确的结果。

2）程序段结束。程序段以字符"LF"结束。字符"LF"可以省略，可以通过换行切换自动生成。

3）程序段长度。一个程序段可以包含最多 512 个字符（包含注释和程序段结束符"LF"）。通常情况下，在屏幕上一次显示 3 个程序段，每个程序段最多 66 个字符，含注释显示。

4）指令的顺序。为了使程序段结构清晰明了，程序段中的指令应按如下顺序排列：

N_ G_ X_ Y_ Z_ F_ S_ T_ D_ M_ H_

有些地址也可以在一个程序段中多次使用，比如：G_，M_，H_。

5）地址赋值。地址字可以被赋值。赋值方式有直接赋值和表达式赋值。

① 直接赋值方式及赋值时适用下列规则：直接赋值方式是指在地址字后面直接写出数值的赋值方式。在下面情况下，地址与值之间必须写入赋值符号"="：

a. 地址由几个字母构成。

b. 值由常数构成。如果地址是单个字母，并且其值仅由一个常量构成，可以不写符号"="。在数字扩展之后，必须紧跟"="、"（"、"）"、"["、"]"、"，"等几个符号中的一个或者一个运算符，从而可以把带数字扩展的地址与带数值的地址字母区分开。否则，系统将其认作一个符号信息。

示例："X10"，给地址 X 赋值（10），不要求写"="符号；"X1=10"，地址（X）带扩展数字（1），赋值（10），要求写"="符号。

c. 允许使用正负号，通常"+"号可以省略。

d. 可以在地址字母之后使用分隔符，如 F100 或 F 100 是等效的。

e. 前一个地址字完全使用字符时，与后一个地址字之间必须有一个空格。

② 表达式赋值方式及赋值时适用下列规则：表达式赋值方式是指地址字后的数值以计算公式、函数表达式、数组等形式出现。

a. 计算公式必须按照四则运算的形式书写，必须使用 SINUMERIK 828D 系统规定的符号。

b. 函数表达式必须正确，函数值域必须在规定值的区间内。

c. 函数名称必须完整。目前，SINUMERIK 828D 系统还不能使用函数缩写的表述方法。

d. 函数值的单位必须符合 SINUMERIK 828D 系统的规定，例如，角度值的单位是十进制的单位制。

示例：X=10*（5+SIN（37.5））通过表达式进行赋值，要求使用"="符号。

由于 SINUMERIK 828D 数控系统坐标地址具有表达式赋值功能，在编程过程中，程序语句中地址字的数值可以以计算公式（函数表达式）的形式出现，这样可以不必计算出具体的数值，由数控系统内部完成坐标数值或参数的计算。由此可以节约坐标点的计算时间，大大减轻了编程过程中的计算任务，减少计算或数值输入错误等。

6）语句注释部分。为了使数控程序更容易理解，可以为数控程序段加上注释，828D 支持中文注释。注释部分内容如果是对程序的整体说明，一般放在程序的开始部分；如果是对程序段的说明，则放在程序段的结束处。注释内容的开始处用分号（";"）将其与数控程序段的程序部分隔开。例如，在程序的主体部分之前一般应增加对程序的说明注释。

示例：程序代码　　　　　　　注释

;图号：JSJ-0113

;编程时间：2019.06.01

;编程员：×××

N10 G1 F100 X10 Y20　　;解释数控程序段的注释

注释语句在程序运行时显示在程序段之后。

注意：一定要使用西文半角形式下的分号";"。

（4）数控程序命名　每一个完整的加工程序必须要有程序名称（程序编号），以便区别于其他程序，供操作者在数控机床程序存储器的程序目录中查找、调用。程序名必须放在程序的开头位置，程序名一定要根据系统的规定编写，否则程序无法运行。不同的数控系统，程序名地址符也有所差别。存入数控系统程序存储器的各工件加工程序名不能相同。

1）主程序程序命名规则。在 SINUMERIK 828D 数控系统中有如下规则：主程序扩展名为".MPF"。每个数控程序有一个名称（标识符），在创建程序时可以按照下列规则自由选择名称：

① 名称的长度不得超过 24 个字符，因为只能显示程序名称最前面的 24 字符。

② 允许使用的字符有：字母：A，…，Z，a，…，z；数字：0，…，9；下划线：_。

③ 名称的头两个字符必须是两个字母，或者一条下划线和一个字母。存储在数控存储器内部的文件，其名称以"_N_"开始。

规范的数控程序名称如：WELLE_2、_MPF100。

2）子程序程序命名规则。子程序的扩展名为：.SPF。

程序名可以自由选取，规则同主程序名。

① 程序名开头应是字母，不允许以数字开头命名。

② 其他符号为字母，数字或下划线。

SINUMERIK 828D 数控系统中，还可以使用地址字 L 加数字的形式作为子程序名，其后的值可以有 7 位（只能为整数）。

> **注意：** 地址字 L 之后的每个零均有意义，不可省略。

举例 L123、L0123 或 L00123 分别表示 3 个不同的子程序。

（5）数控铣床的编程功能指令　在数控机床加工程序中，我国广泛使用准备功能 G 指令、辅助功能 M 指令、进给功能 F 指令、刀具功能 T 指令和主轴转速功能 S 指令等来描述加工工艺过程和数控机床的各种运动特征。

SINUMERIK 828D 数控系统中除了与大多数数控系统有相同的 G 代码外，另一个明显的特征是许多 G 指令使用了代表该功能的英文单词或其缩写作为地址字。对于有一定英语基础的操作者，看到这些 G 指令的单词，就可以正确无误地了解该功能的意义。

G 指令的含义及使用方法将在以后章节中结合具体编程详细介绍。

2.6.4　铣削加工几何设置

在编写加工程序准备工作中，一项重要而基础的工作是进行加工几何设置。

（1）可设定的零点偏移（G54~G59，G507~G599，G53，G500，SUPA，G153）

1）指令功能。通过可设定的零点偏移（G54 ～ G59 和 G507 ～ G599），可以在所有轴上依据基准坐标系的零点设置工件零点，如图 2-27 所示。这样可以通过 G 指令在不同的程序之间调用零点，例如用于不同的夹具。

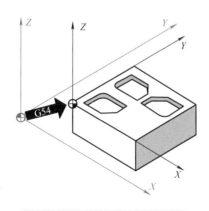

图 2-27　建立工件坐标系 G54

2）编程格式与参数说明。

① 激活可设定的零点偏移。

G54　　　　；调用第 1 个可设定的零点偏移

...

G59   ；调用第 6 个可设定的零点偏移

G507   ；调用第 7 个可设定的零点偏移

...

G599   ；调用第 99 个可设定的零点偏移（SINUMERIK 828D BASIC 系统只支持到
　　　　　　　　G549）

② 关闭可设定的零点偏移。

G500   ；关闭当前可设定的零点偏移直至下一次调用，并激活第 1 个可设定的零点偏移
　　　　　　　　（$P_UIFR[0]），激活整体基准框架（$P_ACTBFRAME）或将可能修改过的基准
　　　　　　　　框架激活。

G53   ；取消逐段生效的可设定零点偏移和可编程零点偏移。

G153   ；作用和 G53 一样，此外它还取消整体基准框架。

SUPA   ；作用和 G153 一样，此外它还取消手轮偏移（DRF）、叠加运动、外部零点偏移、
　　　　　　　　预设定偏移。

程序开始时的初始设置，例如 G54 或 G500，可以通过机床数据进行设定。

利用 6 个供使用的零点偏移（例如在多重加工中）可以同时指定 6 个工件夹装方式并调用程序。

对于其他可设定的零点偏移，可以使用指令编号 G507~G599。因此除了 6 个预先设定的零点偏移 G54~G59 外，还可以通过机床数据在零点存储器中编制总共 100 个零点偏移。

说明

3）编程示例。在数控程序中，通过调用 G54~G59 6 指令中的一个，可以把零点从基准坐标系转换到工件坐标系。在后续编程的数控程序段中，所有位置尺寸和刀具运动均以现在有效的工件零点为基准。

例如，有 3 个工件，它们放在托盘上并与零点偏移值 G54~G56 相对应，需要按顺序对其进行加工，加工顺序在子程序 L47 中编程，如图 2-28 所示。

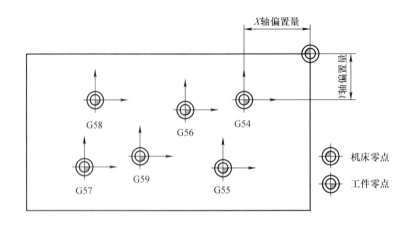

图 2-28　3 个工件的零点偏置

程序代码	注释
N5 T1 M6	;调刀
N10 G54 G0 G90 X10 Y10	;调用第一个零点偏移，快速定位（进刀）
N20 S1000 M3 F500	;主轴右旋，给定进给率
N30 L47	;调用子程序运行
N40 G55 G0 Z200	;调用第二个零点偏移，刀具在障碍物之上
N50 L47	;调用子程序运行
N60 G56	;调用第三个零点偏移
N70 L47	;调用子程序运行
N80 G53 X200 Y300 M30	;取消零点偏移
N90 M30	;程序结束

（2）工作平面选择（G17/G18/G19）

1）指令功能。数控程序必须包含指定加工所在平面。每两个坐标轴就可以确定一个工作平面，而第三根坐标轴垂直于该平面并确定刀具进给方向（如用于平面加工）。只有这样，控制系统才能在处理数控程序时正确计算刀具补偿值，确定用于刀具长度补偿的进刀方向（与刀具类型相关），确定圆弧插补编程的平面；此外，在极坐标系中，工作平面的数据同样很重要。

铣削加工（三轴）时的工作平面如图 2-29 所示，进刀方向如图 2-30 所示。

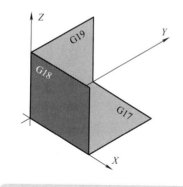

图 2-29　铣削加工时的工作平面

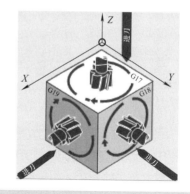

图 2-30　（三轴）铣削加工时进刀方向

2）指令格式与参数说明。在数控程序中使用 G 指令 G17、G18 和 G19 对工作平面进行如下定义：

G17：工件平面 XY，平面选择第 1 和第 2 几何轴，进刀方向为 Z 向。

G18：工件平面 ZX，平面选择第 3 和第 1 几何轴，进刀方向为 Y 向。

G19：工作平面 YZ，平面选择第 2 和第 3 几何轴，进刀方向为 X 向。

在初始设置中，铣削默认的工作平面是 G17（XY 平面）。在调用刀具路径补偿 G41/G42 时，必须指定工作平面，这样控制系统才可以补偿刀具长度和刀具半径。

建议在编写程序开始时就确定工作平面 G17、G18 和 G19。

2.6.5　编程坐标尺寸

传统的编写加工程序的方式是，在编写程序前对零件图进行分析与数值处理工作，必要时还要将零件图转化为编程图，计算出图样基点坐标值等。SINUMERIK 828D 数控系统对编程方式规则采取了更加灵活的方法，为了能使零件图中的数据可以直接被数控程序接受，系统提供有专用的编程指令，可以按照图样实际标注尺寸的方式进行编程。这样，省略了尺寸标注转换、尺寸计算工作，特别是尺寸数值表示和计算比较复杂时，其优点更为突出。

（1）英制尺寸和米制尺寸（G70/G700，G71/G710）

1）指令功能。零件图的尺寸系统可能不同于数控系统设定的尺寸系统（英制或米制），但这些尺寸数值可以直接输入到程序中，通过尺寸状态指令，系统可在米制尺寸系统和英制尺寸系统间进行切换。

2）指令格式和参数说明。在设置的基本系统（MD10240 $MN_SCALING_SYSTEM_IS_METRIC）中读取和写入和长度相关的工艺数据，比如进给率、刀具补偿。

① 当 MD10240=1（米制）时。

G70: 激活英制尺寸系统。但是进给率、刀具补偿等工艺数据依然保持米制单位，即在英制尺寸系统中读取和写入和长度相关的几何数据。

G700: 激活英制尺寸系统。相关的进给率、刀具补偿等工艺数据也会转换为英制单位，即在英制尺寸系统中读取和写入所有和长度相关的几何数据和工艺数据。

G71: 激活米制尺寸系统（开机默认值）。相关的进给率、刀具补偿等工艺数据为米制单位，即在米制尺寸系统中读取和写入和长度相关的几何数据。

G710: 激活米制尺寸系统。相关的进给率、刀具补偿等工艺数据也为米制单位，即在米制尺寸系统中读取和写入所有和长度相关的几何数据和工艺数据。

② 当 MD10240=0（英制）时。

G70：激活英制尺寸系统。同时进给率、刀具补偿等工艺数据为英制单位，即在英制尺寸系统中读取和写入和长度相关的几何数据。

G700：激活英制尺寸系统。相关的进给率、刀具补偿等工艺数据也为英制单位，即在英制尺寸系统中读取和写入所有和长度相关的几何数据和工艺数据。

G71：激活米制尺寸系统。但相关的进给率、刀具补偿等工艺数据依然保持为英制单位，即在米制尺寸系统中读取和写入和长度相关的几何数据。

G710：激活米制尺寸系统。相关的进给率、刀具补偿等工艺数据也会转换为米制单位，即在米制尺寸系统中读取和写入所有和长度相关的几何数据和工艺数据。

刀具补偿值和可设定的零点偏移也作为几何值；同样，进给率 F 的单位分别为 mm/min（或 in/min）或 mm/r（或 in/r）。尺寸状态的基本设置（默认值）由制造商通过机床数据进行。

3）编程示例。在一个程序中英制尺寸与米制尺寸间的相互转换（此例仅为说明指令的使用与编写格式）。

程序代码	注释
N10 G70 X6 Y3	；英制尺寸
N20 X4 Y8	；G70 继续生效
……	
N80 G71 X19 Y-20	；转为米制尺寸

说明：本书中所给出的编程示例图样尺寸均为米制尺寸。

（2）直角坐标系的绝对尺寸编程（G90，AC）

1）指令功能。调用绝对坐标尺寸编程是指以当前有效坐标系（如工件坐标系）零点作为加工尺寸的基准。即对刀具应当运行到的绝对位置进行编程。

2）指令格式与参数说明。

```
G90                          ;用于激活模态有效绝对尺寸的指令。
<轴>=AC（<值>）               ;待运行轴的轴名称和待运行轴的绝对给定位置。AC 表
                              示用于激活逐段有效的绝对尺寸的指令。
```

绝对尺寸的编程格式分为两种：

① 模态有效的绝对尺寸。模态有效的绝对尺寸可以使用指令 G90 进行激活。它会针对后续数控程序中写入的所有轴生效。

② 逐段有效（非模态）的绝对尺寸。在 G91 方式下，可以借助指令 AC 为单个轴设置逐段有效的绝对尺寸。即在增量编程过程中可直接利用该功能进行某一尺寸、坐标以绝对形式编程，无须进行绝对坐标的转换。逐段有效的绝对尺寸（AC）也可以用于主轴定位（SPOS，SPOSA）和插补参数（I，J，K）。

（3）直角坐标系的相对尺寸编程（G91，IC）

1）指令功能。调用增量值坐标尺寸编程是指编程的尺寸总是参照上一个运行到的点（前一点）的坐标值。即增量尺寸编程用于说明刀具运行了多少距离。

2）指令格式与参数说明。

```
G91                          ;用于激活模态有效增量尺寸的指令
<轴>=IC（<值>）               ;待运行轴的轴名称和待运行轴的增量尺寸给定位置。IC
                              表示用于激活逐段有效增量尺寸的指令。
```

相对尺寸的编程格式分为两种：

① 模态有效的增量尺寸。模态有效的增量尺寸可以使用指令 G91 进行激活。它会针对后续数控程序中写入的所有轴生效。

② 逐段有效（非模态）的增量尺寸。在 G90 方式下，可以借助指令 IC 为单个轴设置逐段有效的增量尺寸。即在绝对编程过程中可直接利用该功能进行某一尺寸、坐标以增量形式编程，无须进行增量坐标的转换。逐段有效的增量尺寸（IC）也可以用于主轴定位（SPOS，SPOSA）和插补参数（I，J，K）。

3）G91 指令扩展。在一些特定的应用（比如对刀）中，要求使用增量尺寸运行所编程的行程。可以通过下列设定数据分别为有效的零点偏移和刀具长度补偿设置其特性：

SD42440 $SC_FRAME_OFFSET_INCR_PROG（框架中的零点偏移）

SD42442 $SC_TOOL_OFFSET_INCR_PROG （刀具长度补偿）

数据值	参数说明
0	在轴的增量尺寸编程中，有效的零点偏移或刀具长度补偿不会运行。
1	在轴的增量尺寸编程中，有效的零点偏移或刀具长度补偿会运行。

4）编程示例。

例 1　分别使用模态和非模态指令编写如图 2-31 所示图形中位置点的坐标。

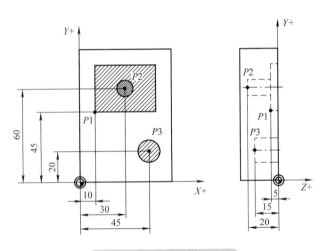

图 2-31 位置点坐标尺寸

绝对指令 / 增量指令编程方式如下：

位置点	G90	G90 IC（ ）	G91	G91 AC（ ）
P1	X10 Y45 Z-5	X=IC（10）Y=IC（45）	X10 Y45 Z-5	X=AC（15）Y=AC（45）
P2	X30 Y60 Z-20	X=IC（20）Y=IC（15）	X20 Y15 Z-15	X=AC（30）Y=AC（60）
P3	X45 Y20 Z-15	X=IC（15）Y=IC（-40）	X15 Y-40 Z5	X=AC（45）Y=AC（20）

混合指令编程方式如下：

位置点	综合方式（G90）	综合方式（G91）
P1	X10 Y45 Z-5	X10 Y45
P2	X=IC（20）Y60 Z=IC（-15）	X=AC（30）Y15 Z-20
P3	X45 Y=IC（-40）Z=IC（5）	X15 Y-40 Z=AC（-15）

在图样中尺寸位置数据既存在绝对坐标尺寸又存在增量坐标尺寸时，可以在编程过程中通过 AC（ ）/IC（ ）指令对坐标进行绝对尺寸 / 增量尺寸方式的设定。也就是说可以在一个程序段中进行绝对坐标尺寸和相对坐标尺寸的混合编程（一个尺寸用绝对坐标编程另一个坐标尺寸可用相对坐标编程）。

例 2 没有执行有效零点偏移的增量尺寸说明。

设置：① G54 包含一个零偏，在 X 方向移动 25mm。

② SD42440 $SC_FRAME_OFFSET_INCR_PROG = 0。

```
程序代码                         注释
N10 G90 G0 G54 X100      ；
N20 G1 G91 X10           ；增量尺寸被激活，X 方向运行 10mm（零点偏移未运行）
N30 G90 X50              ；绝对尺寸被激活，运行到位置 X75（零点偏移未运行）
```

（4）极坐标形式的尺寸编程（G110，G111，G112） 在定义工件位置时，可以使用极坐标来代替直角坐标。如果一个工件或者工件中的一部分是用以到一个固定点（极点）的极径和极角标注尺寸，往往要使用极坐标指令。这种方法就非常方便，标注尺寸的零点就是"极点"。

1）指令功能。极坐标由极坐标半径和极坐标角度共同组成。极坐标半径指极点与位置之间的距离。极坐标角度指极坐标半径与工作平面水平轴之间的角度。

极坐标编程的极点定义：标注尺寸的零点即是极点。极点位置可以使用直角坐标或使用极坐标定义。极坐标取决于使用 G110~G112 所确定的极点，并在使用 G17~G19 所选定的工作平面中有效。绝对尺寸和相对尺寸都不会对极点位置产生影响。

如果零件图中有角度数据，使用极坐标编程会比较方便。

2）编程格式。

```
G110/G111/G112 X_Y_Z_        ;极点定义的直角坐标形式
G110/G111/G112 RP=_AP=_      ;极点定义的极坐标形式
```

其中：

G110_   ;极点定义，使后续的极坐标都以最后一次返回的位置为基准。

G111_   ;极点定义，使后续的极坐标都以当前工件坐标系的零点为基准。

G112_   ;极点定义，使后续的极坐标都以最后一个有效的极点为基准。

3）指令参数说明。

X_Y_Z_   ;直角坐标系中指定的极点。

RP=_ AP=_   ;极坐标系中指定的极点。

RP=_   ;极径（极距）表示极点与目标点之间的距离，模态有效。

AP=_   ;极角，即极半径与工作平面水平轴（如 G17 平面的 X 轴）之间的夹角。旋转的正方向是沿逆时针方向运动。取值范围：±（0°~359.999°），模态有效。

AP=AC（_）   ;绝对方式

AP=IC（_）   ;增量方式，采用增量尺寸时，最后一个编程角度是基准。系统将保存极角，直到定义了一个新的极点或者更换了工作平面，如图2-32所示。

4）编程中的注意事项。

① 在有极坐标终点位置的数控程序段中，不能对选出的工作平面编成直角坐标，如插补参数或轴地址等。

② 如未定义极点，则会自动将当前工件坐标系的零点视为极点。定义过的极点一直保存到程序结束。

③ 可以在数控程序中逐段在极坐标尺寸和直角尺寸之间进行切换。通过使用直角坐标名称（X_Y_Z_）可以直接返回到直角坐标系中。

④ 极半径由在极平面上的起点矢量和当前的极点矢量之间的距离计算得出。计算出的极半径模态有效。这与所选定的极点定义（G110~G112）无关。如果这两点的编程是一致的，则极半径为0，并且产生14095报警。

⑤ 如果在当前程序段包含一个极角 AP，而没有极半径 RP，而当前位置和工件坐标系的极点之间有间距时，该间距将作为极半径来使用，并且模态生效。如果间距为0，需再次规定极点坐标，模态生效的极半径保持为零。

5）编程示例。如图2-33表示极坐标形式的点位置轨迹。XY 平面中的2个位置点，标注了极径（RP=）和极点与角度参照轴（X 轴）的夹角（AP=）。在以极点为零点的极坐标系中的位置数据如下。

点 P1 和 P2 可以以极点为基准，用下列方式定义：

位置	极坐标数据		字符表达
P1	RP=100	AP=30	RP：极半径
P2	RP=60	AP=75	AP：极坐标角度

在工件坐标系中分别表示极点到位置点的插补轨迹的程序如下：

①   G111 X15 Y20

       G1 G110 RP=100 AP=30   ;极点至点 P1 轨迹

②   G111 X15 Y20

       G1 G112 RP=60 AP=75   ;极点至点 P2 轨迹

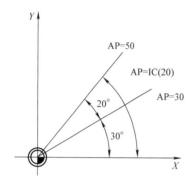

图 2-32   极坐标中增量角度表达

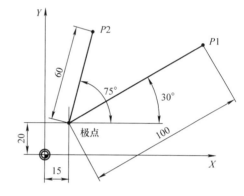

图 2-33   极坐标形式的点位置轨迹

第3章
CHAPTER 3

数控铣削编程与操作
（基础）

本章以图 3-1 所示方形凸台工件为例，从零基础逐步讲解数控铣削加工的编程与操作。

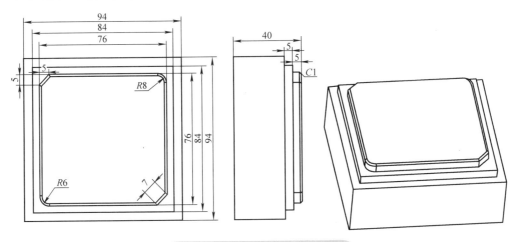

图 3-1　方形凸台工件加工图样

零件的工艺分析：

1）从零件图上看，该工件是方形体工件，其上部有两个正方形凸台。

2）主要加工的面有 84mm 正方形凸台，高度为 10mm，四个角点均为直角点；76mm 正方形凸台高度为 5mm，它的轮廓四个角点由一个边长为 5mm 的工艺倒角、一个斜边长为 7mm 的工艺斜边、一个 R8mm 和一个 R6mm 工艺过渡圆弧构成。

3）凸台顶部加工出 C1 倒角。

3.1 铣削加工的基础知识

3.1.1 数控铣床机用虎钳安装与校正

机用虎钳又名平口钳（图 3-2），是一种通用夹具，常用于安装小型工件。它是铣床、钻床的随机常用装夹工件的附具，将其固定在机床工作台上，用来夹持工件进行切削加工。铣削工件的平面、台阶、斜面和铣削轴类工件的键槽等，都可以用机用虎钳装夹工件。

图 3-2 机用虎钳

机用虎钳的校正（图 3-3）：用百分表校正使固定钳口与铣床主轴轴线垂直或平行。

当工件的加工精度较高时，就需要钳口平面与铣床主轴轴线有较好的垂直度或平行度，应对固定钳口面进行校正。校正机用虎钳时，应先松开机用虎钳的紧固螺钉，校正后将紧固螺钉旋紧。

现用百分表对固定钳口面进行校正。校正时，将磁性表座吸在立铣头主轴上，安装百分表，使表杆与固定钳口平面大致垂直，将测量触头触到钳口平面上，将测量杆压缩量调整到 0.3~0.5mm。

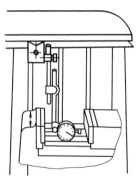

a) 校正固定钳口与主轴轴线平行

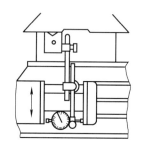

b) 校正固定钳口与主轴轴线垂直

图 3-3 机用虎钳的校正

（1）校正固定钳口与主轴轴线平行 纵向移动工作台，观察百分表的读数，在固定钳口全长范围内使百分表的表针摆动范围在 0.01mm 以内，则固定钳口与工作台进给方向平行，然后交替地将两边的螺钉拧紧，这样才能在加工时得到较高的位置精度。

（2）校正固定钳口与主轴轴线垂直 将固定钳口与工作台进给方向平行度校正好后，用相同的方法移动升降工作台，校正固定钳口和工作台平面的垂直度。

3.1.2 平面铣削方式及刀具的选择

平面是组成机械工件的基本表面之一，表面质量用平面度、表面粗糙度及平面尺寸来衡量。在数控铣床上获得平面的方法有两种，即周铣和端铣。用分布于铣刀圆柱面上的刀齿进行的铣削称为周铣，用分布于铣刀端面上的刀齿进行的铣削称为端铣，如图 3-4 所示。

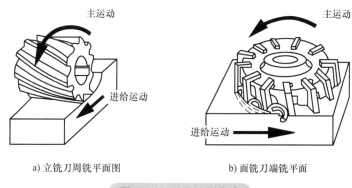

a) 立铣刀周铣平面图   b) 面铣刀端铣平面

图 3-4 平面铣削方式

1. 铣刀及其选用

（1）面铣刀 在数控铣床上铣削平面时，一般采用机械夹固式可转位硬质合金刀片式面铣刀，外形如图 3-5 所示。目前这种刀具因在提高产品质量、加工效率、降低成本、操作使用方便等方面具有显著的优越性，故得到广泛使用。硬质合金可转位面铣刀已标准化，其标准直径系列有 16mm、20mm、25mm、32mm、40mm、50mm、63mm、80mm、100mm、125mm、160mm 等。齿数分为粗齿、细齿和密齿。粗齿铣刀用于粗铣钢件的加工；细齿铣刀用于平稳条件下的铣削加工；密齿铣刀的每个齿进给量较小，主要用于薄壁铸件的加工。

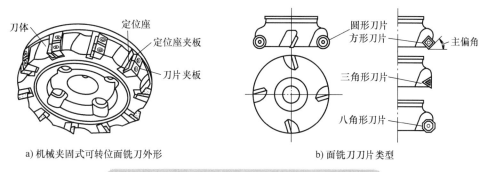

a) 机械夹固式可转位面铣刀外形   b) 面铣刀刀片类型

图 3-5 机械夹固式可转位硬质合金刀片式面铣刀

面铣刀主要以端齿为主加工各种平面。但是主偏角为 90° 的面铣刀还能同时加工出与平面垂直的直角面，这个面高度将受到刀片长度的限制。粗加工时，在接刀痕不影响精切加工精度、加工余量较大且不均匀时，面铣刀直径要选择小一些。精加工时，面铣刀直径要大些，最好能包容加工面的整个宽度。可转位面铣刀如图 3-6 所示，图 3-6a 所示为硬质合金可转位式面铣刀（$\kappa_r=45°$），图 3-6b 所示为硬质合金可转位 R 型面铣刀。

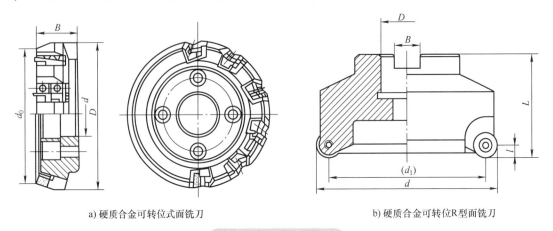

a) 硬质合金可转位式面铣刀　　　　　　　　　　　b) 硬质合金可转位R型面铣刀

图 3-6　可转位面铣刀

（2）立铣刀　立铣刀利用分布在圆柱表面的主切削刃进行加工，立铣刀端面上的副切削刃不经过刀具的中心点，主要是对所铣面进行修光。立铣刀一般由高速钢或硬质合金制成，分为整体式和镶嵌式，直径较大的硬质合金立铣刀多做成镶嵌式（图 3-7）。立铣刀又分为直柄和锥柄两种，直径较大的立铣刀一般制成锥柄。立铣刀还可分为粗齿、中齿和细齿三种：粗齿立铣刀具有刀齿强度高、容屑空间大、重磨次数多等优点，适用于粗加工；中齿立铣刀齿数介于粗齿和细齿之间，容屑空间适中，适用于半精加工；细齿立铣刀齿数多、工作平稳，适用于精加工。立铣刀切削刃数一般为三个或四个，它主要用于铣削垂直面、台阶面、小平面、凹槽等。

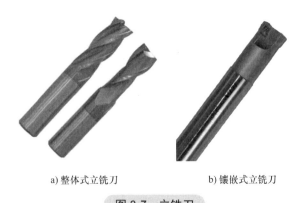

a) 整体式立铣刀　　　　　　　　b) 镶嵌式立铣刀

图 3-7　立铣刀

2. 铣削方式

（1）周铣

1）顺铣（图 3-8a）时，铣刀刀齿切入工件的铣削层厚度（侧吃刀量 a_e）最大，然后逐渐减小到零（在切削分力的作用下有让刀现象），表面没有硬皮的工件易于切入，刀齿磨损小，提高刀具寿命 2~3 倍，工件表面粗糙度值也会减小。顺铣时，切削力与进给方向相同，可节省机床动力。但顺铣在刀齿切入时承受最大的载荷，因而工件有硬皮时刀齿会受到很大的冲击和磨损，使刀具的寿命降低，所以顺铣法不宜加工有硬皮的工件。

图 3-8　周铣的顺铣与逆铣

2）逆铣（图 3-8b）时，铣刀刀齿切入工件面的铣削层厚度（侧吃刀量 a_e）从零逐渐变到最大（在切削力的作用下有啃刀现象），刀齿载荷逐渐增大。开始切削时，切削刃先在工件表面上滑过一小段距离，并对工件表面进行挤压和摩擦，引起刀具的径向振动，使加工表面产生波纹，加速了刀具的磨损，增大了工件表面粗糙度。

（2）端铣

1）对称铣削。铣削时铣刀中心位于工件铣削层宽度（侧吃刀量 a_e）中心的铣削方式（图 3-9a），适用于加工短而宽或厚的工件，不宜加工狭长或较薄的工件。

2）不对称铣削。铣削时铣刀中心偏离工件铣削层宽度（侧吃刀量 a_e）中心的铣削方式。不对称铣削时，按铣刀偏向工件的位置，在工件上可分为进刀部分与出刀部分。图 3-9 中，AB 为进刀部分，BC 为出刀部分。按顺铣与逆铣的定义，显然进刀部分为逆铣，出刀部分为顺铣。不对称端铣削时，进刀部分大于出刀部分时，称为逆铣（图 3-9b）；反之称为顺铣图（图 3-9c）。不对称端铣通常采用逆铣方式。

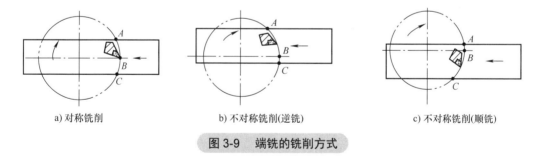

a) 对称铣削　　　　　b) 不对称铣削(逆铣)　　　　　c) 不对称铣削(顺铣)

图 3-9　端铣的铣削方式

!　注意：顺铣与逆铣不仅与刀具轴旋转方向（顺时针或逆时针）有关，还与切削时刀具的进给方向有关。

3.1.3　对刀辅具的选用

在使用所选择的刀具前都需对刀具尺寸进行严格的测量以获得精确数据，并由操作者将这些数据输入数据系统，经程序调用而完成加工过程，从而加工出合格的工件。

建立工件坐标系的过程称为对刀，即确定程序零点在机床坐标系中的位置。

加工中心的对刀内容，包括基准刀具的对刀和各个刀具相对偏差的测定两部分。对刀时，先从某工件加工所用到的众多刀具中选择一把作为基准刀具，进行对刀操作，再分别测出其他各个刀具与基准刀具刀位点的位置偏差值，如长度、直径。

根据加工精度要求选择对刀的方法。可采用试切法对刀、寻边器对刀、机内对刀仪对刀、自动对刀等。其中试切法对刀精度较低；加工中心常用寻边器对刀和 Z 向设定器对刀，效率高，能保证对刀精度。对刀操作分为 X、Y 向对刀和 Z 向对刀。

1. 对刀辅具

X、Y 向对刀的工具有光电式寻边器（图 3-10a）和偏心式寻边器（图 3-10b）等，Z 向对刀工具有 Z 向设定器有光电式（ZOP-50）（图 3-11a）和带表式（ZOP-50）（图 3-11b）等。

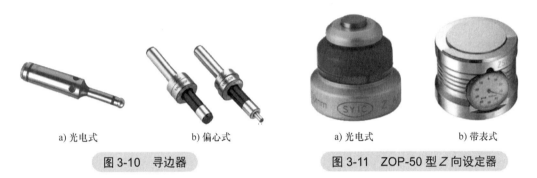

a) 光电式　　　　b) 偏心式

图 3-10　寻边器

a) 光电式　　　b) 带表式

图 3-11　ZOP-50 型 Z 向设定器

2. 对刀常用方法

（1）用百分表找正孔中心　如图 3-12 所示，用磁性表座将百分表粘在机床主轴端面上，手动或低速旋转主轴，然后，手动操作时旋转的表头依 X、Y、Z 的顺序逐渐靠近被测表面，用增量方式调整移动 X、Y 位置，使表头旋转一周时，其指针的跳动量在允许的对刀误差内，并记下机床坐标系中的 X、Y 坐标，即为所找孔中心的位置。

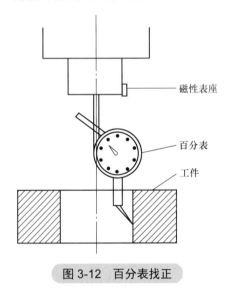

磁性表座

百分表

工件

图 3-12　百分表找正

（2）用寻边器或直接使用刀具对刀

1）分中法（以 X 轴为例）。用旋转的刀具分别去碰工件 X 轴方向上的两端，记录两个数值 X_1 和 X_2，X 轴坐标值即为（X_1+X_2）/2，如图 3-13a 所示。

2）寻边法（以 X 轴为例）。用旋转的刀具去碰工件 X 轴方向上的一端，记录一个数值 X_1，X 轴坐标值即为 $X_1 \pm R$（R 为刀具半径，左侧对刀为 $+R$，右侧对刀为 $-R$），如图 3-13b 所示。

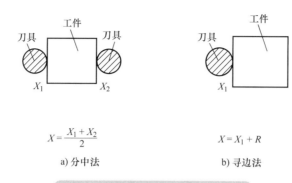

a) 分中法　　　　　　　　　　　b) 寻边法

图 3-13　使用分中法和寻边法对刀

（3）刀具 Z 向对刀　加工中心 Z 轴对刀时采用实际加工时所使用的刀具，有多少把刀就对多少次，其中一种方法是以其中的一把刀具作为基准刀具，用 Z 向设定器记录 Z 坐标，在工件坐标系中设定（如在 G54 中的 Z 坐标中进行设定）。

3.1.4　工件坐标系 G54~G59、G507~G599、G500 指令

1. 工件坐标系的设定 G54~G59

在工件坐标系（WCS）中给出一个工件的几何尺寸。数控程序中的数据以工件坐标系为基准。工件坐标系始终是直角坐标系，并且与具体的工件相关联。

使用 G54~G59 建立工件坐标系时，该指令可单独指定，也可与其他指令同段指定。

【格式】

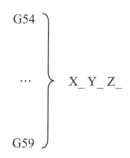

【说明】

G54　　；调用第 1 个可设定的零点偏移。

　　　…

G59　　；调用第 6 个可设定的零点偏移。

G54~G59 在数控系统面板上可设定 6 个工件坐标系，之间的关系如图 3-14 所示。加工时其坐标系零点必须设为工件坐标系零点在机床坐标系中的坐标值，否则加工出的产品就产生误差或报废，甚至出现危险。

这 6 个设定工件坐标系零点在机床坐标系中的值（工件零点偏置值），工件坐标系一旦选定，后续程序段中绝对值编程时的指令值均为相对此工件坐标系零点的值。

设置零点偏移时，在当前有效的零点偏移（如 G54）中，可以在各轴实际值显示处各输入一个新的位置值，偏置值则直接输入 G54 坐标系中。

机床坐标系（MCS）中的位置值与工件坐标系（WGS）中新位置值之间的差值会被永久保

存在当前有效的零点偏移（如 G54）中。

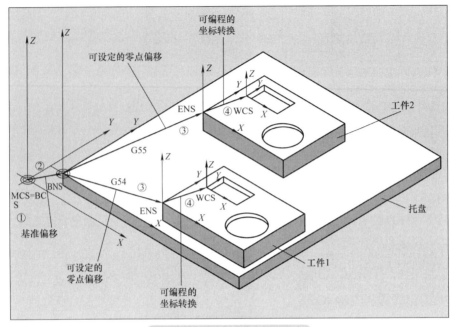

图 3-14　坐标系之间的关联

注：1. 运动转换未激活时，即机床坐标系与基准坐标系重合。

2. 通过基准偏移得到带有托盘零点的基准零点坐标系（BNS）。

3. 通过可设定零点偏移 G54 或 G55 来确定用于工件 1 或工件 2 的"可设定零点坐标系"（ENS）。

4. 通过可编程的坐标转换确定工件坐标系（WCS）。

2. 可设定的零点偏移G507~G599、G500

【格式】

$$
\left.\begin{matrix} G507 \\ \cdots \\ G599 \end{matrix}\right\} \quad X\_\ Y\_\ Z\_
$$

【说明】

G507：调用第 7 个可设定的零点偏移。

…

G599：调用第 99 个可设定的零点偏移（SINUMERIK 828 D BASIC 系统只支持到 G549）。

G500：关闭当前可设定的零点偏移直至下一次调用，并激活第 1 个可设定的零点偏移，激活整体基准框架或将可能修改过的基准框架激活。

3.1.5　平面加工常用编程指令

1. 绝对值编程G90和增量值编程G91

【格式】

G90　X_Y_Z_

G91　X_Y_Z_

【说明】

设定坐标输入方式 G90 指令建立绝对坐标输入方式，移动指令的目标点的坐标值 X、Y、Z 表示刀具离开工件坐标系零点的距离。

G91 指令建立增量坐标输入方式，移动指令的目标点的坐标值 X、Y、Z 表示刀具离开当前点的坐标增量。

G90、G91 位模态功能，可相互注销，G90 为缺省值。其可用于同一程序段中，但要注意其顺序所造成的差异。

例 1　如图 3-15 所示，分别用 G90、G91 编程，控制刀具由 A 点运动到 B 点。

绝对值编程：G90 X200 Y200

增量值编程：G91 X150 Y150

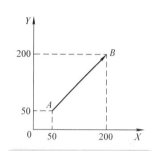

图 3-15　G90、G91 编程

编程方式的选择原则：当图样尺寸由一个固定基准给定时，采用绝对值编程较为方便，当图样尺寸是以轮廓定点之间的距离进行标注的，则采用增量值编程较为方便。

2. 快速点定位快速运行G00

【格式】

G00 X_Y_Z_

G00 AP=_

G00 RP=_

【说明】

这个指令控制刀具快速从当前位置移动到指定的位置。X（U）_Y（V）_Z（W）_ 指定移动轨迹的终点位置坐标，编程时可用绝对坐标编程也可以用增量坐标编程。

例 2　如图 3-15 所示，分别用 G90、G91 编程，控制刀具由 A 点快速运动到 B 点。

绝对坐标方式：G90 G00 X200 Y200

增量坐标方式：G91 G00 X150 Y150

当采用绝对值编程时，X、Y、Z 为目标点在工件坐标系中的坐标值；当用增量值编程时，X、Y、Z 为目标点相对于起点的增量坐标值。G00 的快进速度由机床制造厂对各轴分别设定，各轴依内定的速度分别独自快速移动，定位时的刀具运动轨迹由各轴快速移动速度共同决定，不能保证各轴同时到达终点，因而各轴联动合成轨迹不一定是直线。G00 的快进速度不能用程序指令改变，但可以用控制面板上的快速修调旋钮改变。在 G00 定位方式中，从刀具在起点开始加速直到预定的速度，到达终点前减速并精确定位停止。G00 只用于快速定位，不能用于切削加工。

3. 直线插补指令 （图3-16）

【格式】

G01 X_Y_Z_F_

【说明】

这个指令可控制刀具以一定速度从当前位置移动到指定的位置。X（U）_Y（V）_Z（W）_ 指定移动轨迹的终点位置坐标，F 指进给率，编程时可用绝对坐

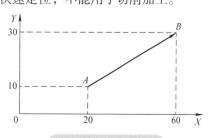

图 3-16　直线插补

标编程也可以用增量坐标编程。

例3 如图3-16所示，刀具从*A*点直线插补至*B*点，分别使用绝对坐标与增量坐标方式编程。

绝对坐标方式：G90 G01 X60 Y30 F200

增量坐标方式：G91 G01 X40 Y20 F200

该指令控制刀具沿直线轨迹移动，进给率由*F*决定。程序中首次使用G01等插补指令时，必须指定*F*。当使用G98时，*F*的单位是mm/min。当使用G99时，*F*的单位是mm/r。

3.2 方形凸台工件的平面铣削程序编制

3.2.1 数控加工工艺编制

工件的平面加工是工件加工中最基本的加工形式，主要用于工件表面的粗、半精加工，是加工中重要的一个环节。在94mm×94mm×42mm（长×宽×高）方形毛坯上加工出如图3-17所示的方形工件。

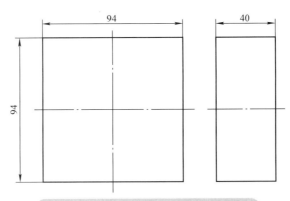

图3-17 方形凸台工件上表面铣削图样

数控铣削加工中由数控铣床、夹具、工件和铣刀组成工艺系统的统一体。铣平面是加工形式之一，也是数控铣削加工的基础。

在铣削加工平面时，应达到图样的平面度及表面粗糙度要求，选用合理的切削用量，正确地选用刀具，加工出合格的工件，该工件需要加工其表面和侧面10mm深的平面。

1. 制订加工工艺

（1）毛坯准备 工件的材料为硬铝2A12,94mm×94mm×42mm（长×宽×高）的方形毛坯，上表面未加工。

（2）确定工艺方案及加工路线

1）选择编程零点。确定94mm×94mm（长×宽）的对称中心及上表面（O点）为编程零点，并通过对刀设定零点偏置G54。

2）确定装夹方法。根据图样的图形结构，选用机用虎钳装夹工件。

（3）切削用量及加工路线的确定。

1）选用ϕ63mm面铣刀，并确定切削用量。

2）根据图样要求，计算编程尺寸。

3）编制程序。

4）制订工步表（见表3-1）。

表 3-1　方形凸台工件平面铣削工艺过程

序号	工步名称	工步简图	说明
1	建立铣平面工件坐标系	94　42　94　G54	坐标系零点 G54 为编程坐标系编程零点
2	粗铣 94mm × 94mm 平面厚度至 40.2mm	94　40.2　94	选用 ϕ63mm 的可转位式铣刀，留量0.2mm
3	精铣 94mm × 94mm 平面厚度至 40mm	94　40　94	选用 ϕ63mm 的可转位式铣刀

（4）刀具的选择　根据工件加工的要求，选择合适的铣刀进行平面的铣削，在这个工件加工中需要加工上表面，上表面是一个较大的平面，加工时，可以选择直径较大的面铣刀（图 3-18），也可以根据机床的性能选择直径较小的整体硬质合金铣刀（图 3-19）和镶嵌式的可转位铣刀（图 3-20）。选择 ϕ32mm 的镶嵌式铣刀进行加工。

图 3-18　面铣刀

图 3-19　整体硬质合金铣刀

图 3-20　镶嵌式的可转位铣刀

一般情况下，粗加工时尽量选较大直径的铣刀，装刀时刀具伸出的长度尽可能短，以保证足够的刚度，避免发生弹刀现象。精加工时选择较小直径的铣刀，同时要结合被加工区域的深度，确定最短的切削刃长度及刀柄加持部分的长度，选择最合适的铣刀，并选择切削用量（见表 3-2）。

表 3-2　加工刀具及切削参数

刀具编号	刀具名称	切削参数			说明
		背吃刀量 /mm	进给率 / (mm/min)	主轴转速 / (r/min)	
T01	立铣刀	2	200	2000	ϕ 32mm

3.2.2　端面铣削循环指令（CYCLE61）简介及参数设置

循环指令是实际生产中，在对典型工件加工编程时非常实用的一种编程指令。灵活使用这些循环指令，可以提升编程和加工速度，大大减少编程中的工作量。由于这些循环指令集合了前人的经验，经过反复验证，具有很高的可靠性和安全性。

（1）端面铣削循环指令功能　一般用于对工件表面（形状为矩形）的粗、精铣削加工。在铣削循环里可以选择刀具的铣削方向，可以确定粗、精加工刀具的轨迹路线，以提高加工效率。如果是指定尺寸界线在平面上，刀具将从平面的外部开始进行加工和下刀。使用该循环指令时，应注意工件装夹环境和位置，避免产生碰撞、干涉等情况。

（2）编译后的程序格式参数列表　CYCLE61（REAL_RTP, REAL_RFP, REAL_DP, REAL_PA, REAL_PO, REAL_LENG, REAL_WID, REAL_MID, REAL MI_DA, REAL_FALD, REAL_FFPI, INT_VARI, INT_LIM, INT_DMODE, INT_AMODE）。

（3）编程操作界面端面铣削循环尺寸标注图样及参数　端面铣削循环格式的各参数较繁杂，但在实际的编程应用中，不用记忆，只需参照"人机"对话界面，理解各参数的含义，按顺序填写必要的参数即可。

1）选择加工平面与切削参数。加工平面的选择是编程首选的要素，在编程前要确定要加工的平面、刀具返回的平面、安全距离、加工方向等编程内容。切削参数是根据刀具材料和被加工工件材料所进行计算后确定的（见表 3-3）。

在加工过程中，根据进给路线的不同，平面加工的方法主要有以下几种。

① 双向横坐标平行法：刀具沿平行于横坐标方向加工，并且可以改变方向，如图 3-21a 所示。

② 单向横坐标平行法：刀具仅沿一个方向平行于横坐标方向加工，如图 3-21b 所示。

③ 单向纵坐标平行法：刀具仅沿平行于纵坐标方向加工，如图 3-21c 所示。

④ 双向纵坐标平行法：刀具沿平行于纵坐标方向加工，并且可以改变方向，如图 3-21d 所示。

⑤ 内向环切法：刀具沿矩形轨迹分别平行于纵坐标、横坐标由外向内加工，并且可以改变方向，如图 3-21e 所示。

⑥ 外向环切法：刀具沿矩形轨迹分别平行于纵坐标、横坐标由内向外加工，并且可以改变方向，如图 3-21f 所示。

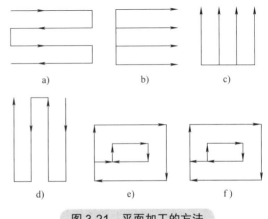

图 3-21　平面加工的方法

表 3-3　操作界面参数对话框——加工平面与切削参数表

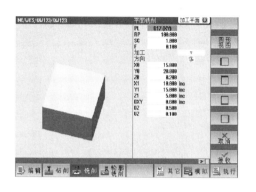

加工平面与切削参数：设置加工平面 G17

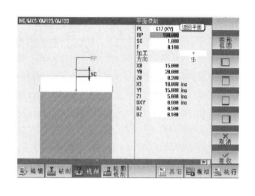

加工平面与切削参数：设置返回平面高度

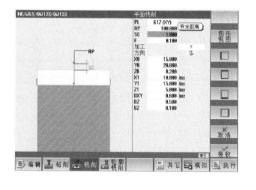

加工平面与切削参数：设置安全平面

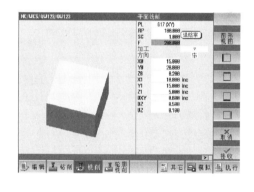

加工平面与切削参数：设置进给率

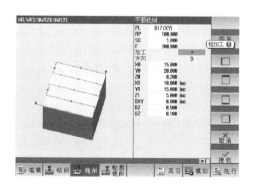

加工平面与切削参数：设置粗加工

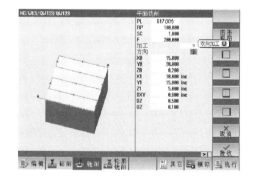

加工平面与切削参数：设置加工方向

2）选择加工的毛坯。首先应该设置毛坯的尺寸，系统提供了毛坯设置所需要的选项，包括：加工毛坯角点 X1、设置加工毛坯角点 Y1、设置毛坯高度、加工毛坯角点 X2 参照于 X1、加工毛坯角点 Y2 参照于 Y1、设置 Z0。毛坯设置是根据已有实物毛坯进行确定的，毛坯的大小会影响其他的参数的选择（见表 3-4）。

表 3-4　操作界面参数对话框——毛坯的选择表

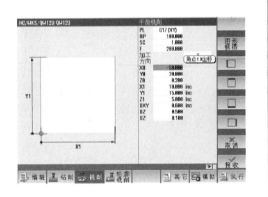	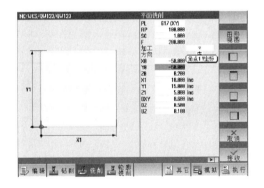
加工毛坯：设置加工毛坯角点 X1	加工毛坯：设置加工毛坯角点 Y1
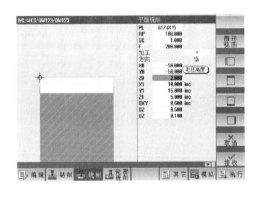	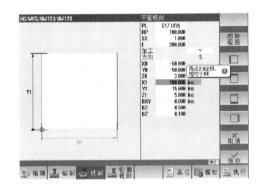
加工毛坯：设置毛坯高度	加工毛坯：设置加工毛坯角点 X2 参照于 X1
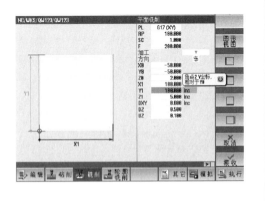	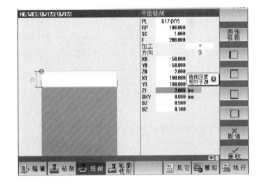
加工毛坯：设置加工毛坯角点 Y2 参照于 Y1	加工毛坯：设置铣削深度

　　3）设置加工余量参数。在操作界面参数对话框有部分参数是用来设置加工余量参数的，包括：最大平面横进给（行距）、最大切深（背吃刀量）、精加工余量（见表 3-5）。

表 3-5 操作界面参数对话框——设置加工余量表

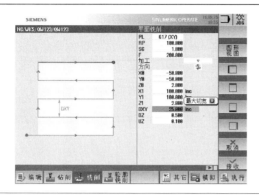

加工要素：设置最大平面横进给（行距）

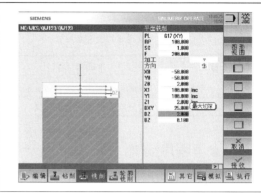

加工要素：设置加工最大切深

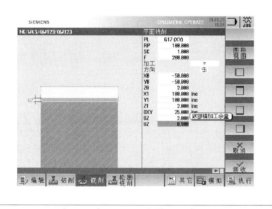

加工要素：设置底部精加工余量

4）CYCLE61 平面铣削工艺循环说明（见表 3-6）

表 3-6 CYCLE61 编程操作界面说明

编号	界面参数	编程操作	说明
1	PL	选择 G17（G18、G19）	选择顺铣、逆铣，选择加工平面，选择铣削方向
2	RP	设置返回平面	距工件坐标系 Z 向零点数值（a）
3	SC	设置安全距离	无符号数值
4	F	设置进给率	单位：mm/min
5	加工 ○	可选择"▽"粗加工	可选择"▽""▽▽▽"2 种模式
		可选择"▽▽▽"精加工	
6	方向 ○	选择加工方向	选择往复加工（水平方向）、选择刀具轨迹方向、选择相同的加工方向（X 正向）、选择往复加工（垂直方向）、选择相同的加工方向（Y 正向）
7	X0	设置角点 X1	距编程零点 X 向尺寸（位置数据）
8	Y0	设置角点 Y1	距编程零点 Y 向尺寸（位置数据）
9	Z0	设置待铣削毛坯高度	表面距编程零点 Z 向尺寸（位置数据）
10	X1 ○	设置角点 X2	选择工件坐标系的工件尺寸 X（abs），参照于 X2 选择相对于 X1 的增量尺寸（inc）
11	Y1+ ○	设置角点 Y2	选择工件坐标系的工件尺寸 Y（abs），参照于 Y2 选择相对于 Y1 的增量尺寸（inc）

（续）

编号	界面参数	编程操作	说明
12	Z1 ⟳	设置成品工件高度	选择工件坐标系的工件尺寸 Z（abs） 输入成品高度参照 Z1 选择相对于 Z0 的增量尺寸（inc）
13	DXY+ ⟳	设置最大平面横进给	设置每次最大切深值为相邻两刀轨间距（inc）（行距）
14	DZ	设置最大切深（仅粗加工）	去除毛坯余量中的每次最大切削层深
15	UZ	设置输入精加工余量深度	精加工留下的加工余量

3.2.3 参考程序编制

参考程序中，采用往复铣的加工方式，在往复加工中为了减少节点计算，采用的增量值与绝对值混合格式的编程，刀具的往复加工采用增量值编程，如图 3-22 路线所示。刀具的定位和 Z 轴移动采用绝对值编程（见表 3-7）。

> 提示：通常，刀具 Y 方向增量移动距离设置为 0.8~0.9 倍的铣削刀具直径值。

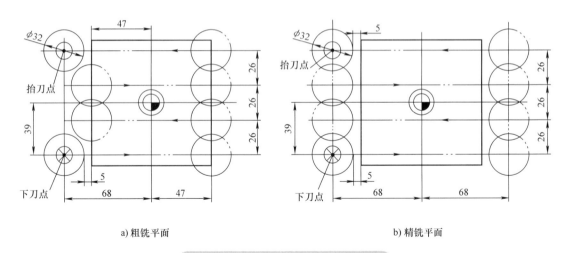

a) 粗铣平面　　　　　　　　　　　　b) 精铣平面

图 3-22　ϕ50mm 面铣刀进给路线图

表 3-7　铣 94mm×94mm 平面加工参考程序表

; PINGMIAN1_1.MPF	94mm × 94mm 平面加工程序 1
; 2019-10-19　LiJianHua	程序编写日期与编程者
N10	G90 G54 G00 Z100	G54 绝对方式快速定位到 Z 向 100mm 的位置
N20	T1 M6	调用 1 号刀
N30	X0 Y0	快速移动到起刀点 X0、Y0 位置
N40	M03 S2000 M08	主轴正转 2000 r/min，切削液开

（续）

N50	X-80Y-30	快速移动至起始点，A 点
N60	Z5	快速移动到距工件上表面 5mm 的位置
N70	G01 Z-2 F200	以 200mm/min 进给速度直线插补切入工件 2mm 深
N80	G91	增量值编程
N90	X150	切削加工，X 正向移动 150mm，B 点
N100	Y25	切削加工，Y 正向移动 25mm，C 点
N110	X-150	切削加工，X 负向移动 150mm，D 点
N120	Y25	切削加工，Y 正向移动 25mm，E 点
N130	X150	切削加工，X 正向移动 150mm，F 点
N140	Y25	切削加工，Y 正向移动 25mm，G 点
N150	X-150	切削加工，X 负向移动 150mm，H 点
N160	Y25	切削加工，Y 正向移动 25mm，I 点
N170	G90	取消增量值编程
N180	G00 Z100	快速移动到距工件上表面 100mm 处
N190	M05 M09	主轴停止
N200	M30	程序结束

注意：端面铣削循环中，将毛坯设计成 100mm×100mm，这样在加工时不会留有飞边和毛刺。

3.3 方形凸台工件的凸台（直角过渡）铣削程序编制

3.3.1 刀具半径补偿 G40、G41、G42 指令

在工件轮廓铣削加工时，由于刀具半径尺寸影响，刀具的中心轨迹与工件轮廓往往不一致。由于数控系统具有刀具半径自动补偿的功能，因此在编程时只需按照工件的实际轮廓尺寸编制即可。

（1）刀具半径补偿工作过程（图 3-23） 刀具半径补偿建立时，应是直线，一般为空行程。即：

① 建立补偿的程序段，必须是在补偿平面内不为零的直线移动。

② 建立补偿的程序段，一般应在切入工件之前完成。

刀具半径补偿一般只能平面补偿。

刀具半径补偿结束用 G40 取消刀具半径补偿，取消时同样要防止过切。即取消补偿的程序段，一般应在切出工件之后完成。

G41 为左偏刀具半径补偿，定义为假设工件不动，沿刀具运动方向向前看，刀具在工件左侧的刀具半径补偿，如图 3-24a 所示。

G42 为右偏刀具半径补偿，定义为假设工件不动，沿刀具运动方向向前看，刀具在工件右侧的刀具半径补偿，如图 3-24b 所示。

G40 为刀具半径补偿取消指令。

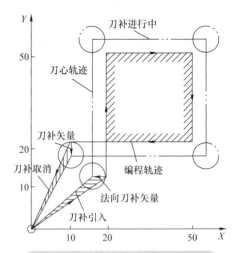

图 3-23　刀具半径补偿工作过程

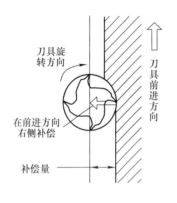
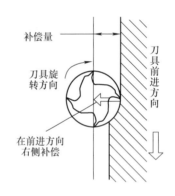

a) 左偏刀具半径补偿　　　　b) 右偏刀具半径补偿

图 3-24　刀具补偿方向

在加工工件时控制刀具的行程（取决于刀具的几何参数），使其能够加工出编程的轮廓。为了使控制系统能够对刀具进行计算，必须将刀具参数记录到控制系统的刀具补偿存储器中。通过数控程序仅调用所需要的刀具（T_）以及所需要的补偿程序段（D_）。在程序加工过程中，控制系统从刀具补偿存储器中调用刀补参数，再根据相应的刀具修正不同的刀具轨迹。

【格式】

G00/G01 G41/G42 X_ Y_ Z_ D_

G40 X_ Y_ Z_

【说明】

G41：激活刀具半径补偿（TRC），沿着加工方向看，刀具在工件轮廓左侧。

G42：激活刀具半径补偿（TRC），沿着加工方向看，刀具在工件轮廓右侧。

G40：取消刀具半径补偿（TRC）。

在设定了 G40、G41、G42 的程序段中，G0 或 G01 必须有效，并且至少必须给定所选平面的一个坐标轴。如果在激活刀具半径补偿时仅给定了一个坐标轴，系统则自动补充第二个坐标轴的上次位置，并在两根轴上运行。

（2）刀具半径补偿量及磨损量的设置　刀具半径补偿量设置在数控系统中与刀号相对应的位置（图3-25）。刀具在切削过程中，切削刃会出现磨损（刀具直径变小），最后会出现外轮廓尺寸偏大、内轮廓尺寸偏小（反之，则所加工的工件已报废），此时可通过对刀具磨损量的设置，然后再精铣轮廓，一般就能达到所需的加工尺寸。

当刀具磨损或刀具重磨后，刀具半径变小，只需在刀具补偿值中输入改变后的刀具半径，而不必修改程序。

例如磨损量设置值——如果在磨损量设置处已有数值（对操作者来说，由于加工工件及使用刀具的不同，开机后一般需把磨损量清零），则需在原数值的基础上进行叠加。

例4　原有值为 −0.03mm，现尺寸偏大0.2mm（单边0.1mm），则重新设置的值为：−0.03mm−0.1mm = −0.13mm。

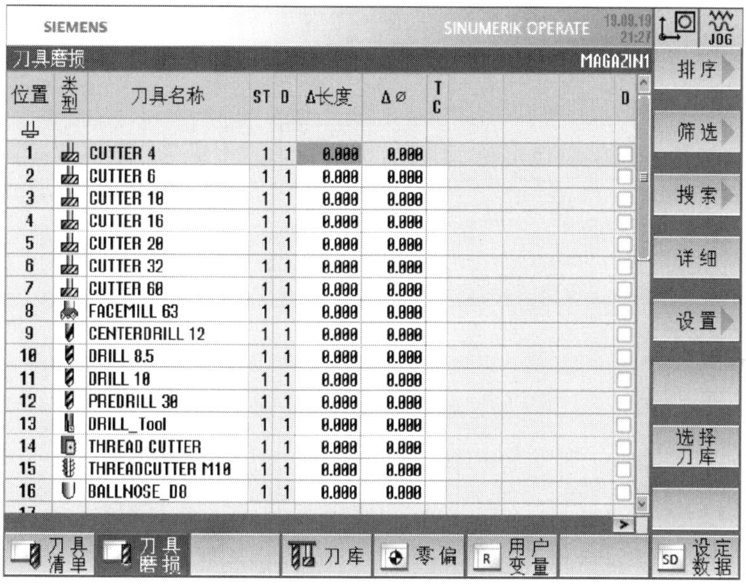

图3-25　磨损量设置界面

（3）刀具半径补偿的其他应用　应用刀具半径补偿指令加工时，刀具的中心始终与工件轮廓相距一个刀具半径距离。在采用同一把半径为 R 的刀具，并用同一个程序进行粗、精加工时，设精加工余量为 A，则粗加工时设置的刀具半径补偿量为 $R+A$，精加工时设置的刀具半径补偿量为 R，就能在粗加工后留下精加工余量 A，然后，在精加工时完成切削。

3.3.2　数控加工工艺编制

外轮廓面是具有直线、圆弧或曲线的二维轮廓表面，尺寸精度较高，形状也较为复杂。编写程序前需要进行轮廓基点的计算，基点可通过手工计算或计算机绘图软件得到；选择刀具时，应尽量选择较大直径的铣刀。

为保证轮廓的加工精度和生产效率，要求粗加工时尽量选择直径较大的铣刀，便于快速去除多余的材料；精加工则选择相对较小直径的铣刀，从而保证轮廓的尺寸精度及表面粗糙度。编写程序时，需考虑铣刀进刀与退刀的位置，尽量选在轮廓的基点外延处或沿着轮廓的切向进行；通过刀具半径补偿的加入可以使轮廓编程按实际尺寸编制，而且使轮廓的尺寸控制变得更简单和容易，通过更改刀具的半径尺寸来实现轮廓的粗加工和精加工，最终满足轮廓外形的表面质量和尺寸要求。

（1）制订工步表（见表 3-8）

表 3-8　方形凸台工件外轮廓铣削加工工艺过程

序号	工步名称	工步简图	说明
1	建立铣平面工件坐标系	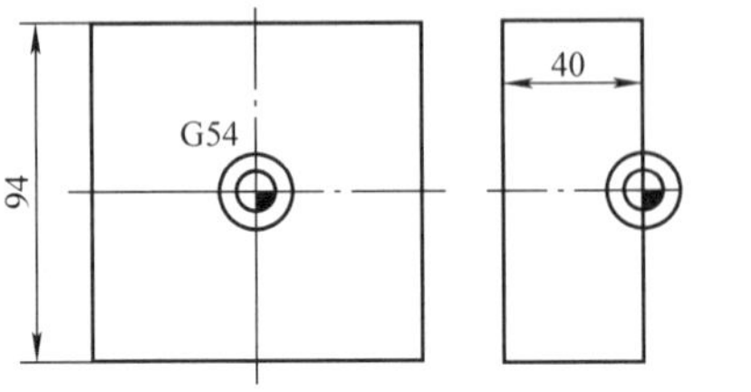 94　G54　40	坐标系原点 G54 为编程坐标系编程零点
2	粗铣84.5mm×84.5mm×10mm外轮廓	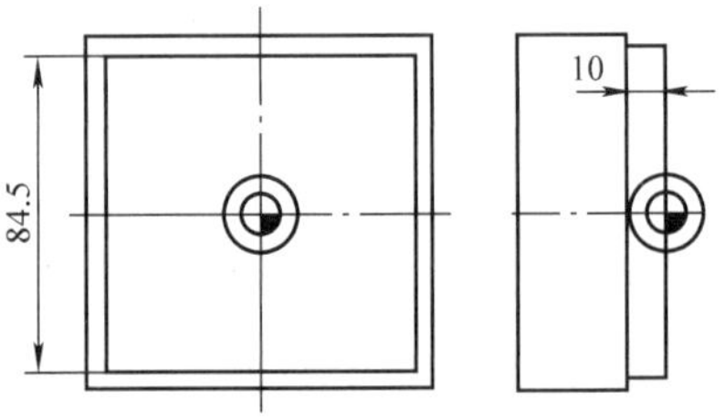 84.5　10	顺时针方向进行加工，轮廓单边留量 0.5mm
3	精铣 84mm×84mm×10mm外轮廓	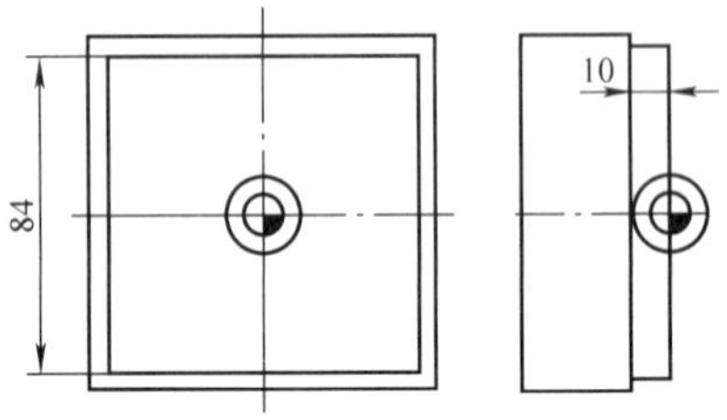 84　10	顺时针方向进行加工

（2）刀具选择　刀具切削参数见表 3-9。

三刃立铣刀：直径 ϕ 16mm。

工件材料：硬铝 2A12。

刀具材料：高速钢。

表 3-9　刀具切削参数

刀具编号	刀具名称	切削参数			说明
		背吃刀量 /mm	进给率 /（mm/min）	主轴转速 /（r/min）	
T01	立铣刀	4.8（粗加工）	150	1200	ϕ 16mm
T01	立铣刀	10（精加工）	200	1600	ϕ 16mm

（3）毛坯分析

材料：硬铝 2A12。

毛坯尺寸：94mm × 94mm × 40mm。

（4）编程零点与下刀点设置

工件装夹时，建议将工件坐标系原点 G54（X、Y）设置在工件中心点，Z 设置在工件上表面，如图 3-26 所示。为了在加工时，刀具在下刀时不直接切入工件，选择工件外一个点位作为下刀点 A（-55，-55）。

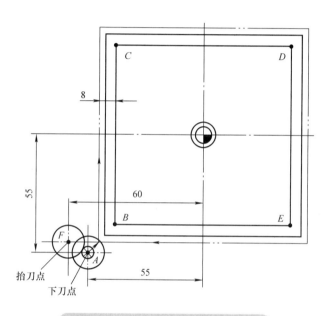

图 3-26　工件坐标系零点和下刀点 A

3.3.3　铣削循环指令（CYCLE76）简介及参数设置

（1）矩形凸台的加工　仅限于对矩形轮廓部分的加工，不能自动去除多余的毛坯余量。如果毛坯尺寸比矩形轮廓大出很多，不适合使用此循环。加工参数中的 W1 和 L1 虽然可以描述毛坯的外形尺寸，但是该尺寸仅用于刀具切入矩形时不致发生碰撞，并不能自动去除多余的毛坯部分。

（2）编译后的程序格式参数列表　CYCLE76（REAL_RTP，REAL_RFP，REAL_SDIS，REAL_DP，REAL_DPR，REA_LENG，REAL_WID，REAL_CRAD，REAL_PA，REAL_PO，REAL_STA，REAL_MID，REAL_FAL，REAL_FALD，REAL_FFP1，REAL_FFD，INT_CDIR，INT_VARI,，REAL_API，REAL_AP2，REAL_FS，REAL_ZES，INT_GMODE，INT_ DMODE，INT_AMODE）

（3）编程操作界面端面铣削循环尺寸标注图样及参数对话框

1）设置加工平面与切削参数。加工平面的选择是编程首选的要素，在编程前要确定要加工的平面、刀具返回的平面、安全距离、加工方式等编程内容。切削参数是根据刀具材料和被加工工件材料所进行计算后确定的（见表 3-10）。

表 3-10　操作界面参数对话框——加工平面与切削参数表

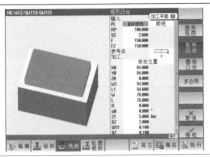	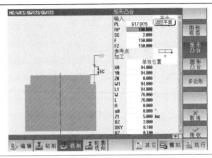
加工平面与切削参数：设置加工平面 G17	加工平面与切削参数：设置返回平面高度
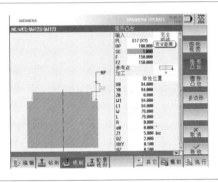	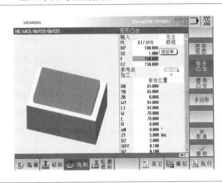
加工平面与切削参数：设置安全平面	加工平面与切削参数：设置进给率
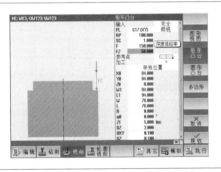	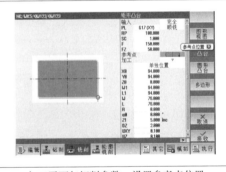
加工平面与切削参数：设置深度进给率	加工平面与切削参数：设置参考点位置
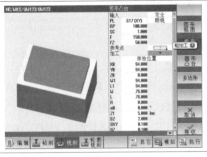	
加工平面与切削参数：设置加工方式	

2）设置加工毛坯。首先应该设置毛坯的尺寸，系统提供了毛坯设置所需要的选项。包括：加工毛坯角点 X1、加工毛坯角点 Y1，毛坯设置是根据已有实物毛坯进行确定的，毛坯的大小会影响其他的参数的选择（见表 3-11）。

表 3-11　操作界面参数对话框——毛坯的选择表

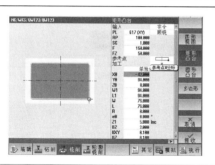

加工毛坯：设置加工毛坯角点 X1

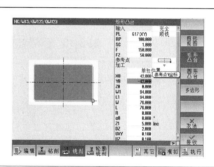

加工毛坯：设置加工毛坯角点 Y1

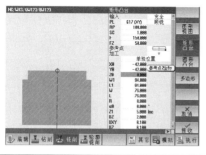

加工毛坯：设置加工参考点 Z

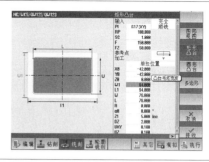

加工毛坯：设置凸台毛坯宽度

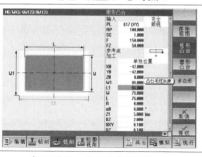

加工毛坯：设置凸台毛坯长度

3）凸台外轮廓尺寸设置。毛坯定义后，要进行加工的凸台轮廓尺寸设置，包括：参考点位置、型腔宽度 W、型腔长度 L、圆角 R、图形旋转的角度、轮廓深度（见表 3-12）。

表 3-12　操作界面参数对话框——型腔轮廓尺寸的选择表

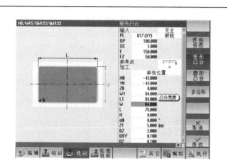

加工凸台轮廓尺寸：设置凸台宽度 W

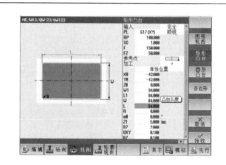

加工凸台轮廓尺寸：设置凸台长度 L

4）设置加工余量参数。在操作界面参数对话框有部分参数是用来设置加工余量参数的，包括：深度值、加工最大切深、精加工侧面余量、精加工深度余量（见表 3-13）。

表 3-13　操作界面参数对话框——设置加工余量表

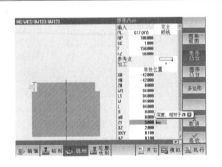	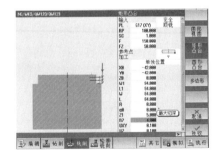
加工要素：设置深度值	加工要素：设置加工最大切深
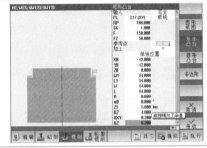	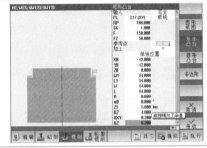
加工要素：设置精加工侧面余量	加工要素：设置精加工深度余量

5）界面参数编程操作说明（见表 3-14）。

表 3-14　界面参数编程操作说明表

编号	界面参数	编程操作	说明
1	PL	选择 G17（G18、G19）	选择顺铣、逆铣，选择加工平面 选择铣削方向
2	RP	设置返回平面	距工件坐标系 Z 向零点数值（a）
3	SC	设置安全距离	无符号数值
4	F	设置进给率	
5	FZ	轴向进给速度	
6	参考点		为了恰当描述矩形凸台的几何尺寸，可以从以下的 5 个位置中选择适合的参考点
7	加工 ⟳	可选择"▽"粗加工 可选择"▽▽▽"精加工	可选择"▽""▽▽▽"2 种模式
8	模态选择	位置模式（MCALL） 单独位置	
9	X0	设置参考点 X1	距编程零点 X 向尺寸（位置数据）
10	Y0	设置参考点 Y1	距编程零点 Y 向尺寸（位置数据）

（续）

编号	界面参数	编程操作	说明
11	Z0	设置待铣削毛坯高度	表面距编程零点 Z 向尺寸（位置数据）
12	W1	矩形毛坯宽度	
13	L1	矩形毛坯长度	
14	W	加工矩形凸台宽度	
15	L	加工矩形凸台长度	
16	R	矩形凸台拐角处的半径	
17	a0	输入图形旋转角度	水平轴 L 和第 1 轴的夹角（旋转角度）
18	Z1	输入腔深	选择（绝对增量）腔深（绝对增量）
19	DZ	设置最大吃刀量（仅粗加工）	去除毛坯余量中的每次最大切削（层深）
20	UXY	设置加工侧面留余量	
21	UZ	设置精加工余量深度	精加工留下的加工余量

3.3.4　参考程序编制

（1）基本指令编写的凸台 84mm×84mm 外轮廓程序（见表 3-15）

表 3-15　用 G41 刀补编写的铣 84mm×84mm 外轮廓参考程序表

; XWF_1.MPF	程序名：铣 84mm×84mm 外轮廓加工程序
; 2019-10-19 LiJianhua	程序编写日期与编程者
N10	G54 G90 G17 G40	G54 绝对值编程方式
N20	T1 M6	调用 1 号刀具
N30	G00 Z100	快速移动到 Z 向 100mm
N40	X0 Y0	快速移动到坐标系原点 X0、Y0 位置
N50	M03 S1200	主轴正转 1200r/min，切削液开
N60	Z5	快速移动到 Z5 的位置
N70	X-60 Y-60	快速移动到下刀 X-60 Y-60 位置，A 点
N80	G01 Z-10 F50	进给到 Z-10 位置，进给率为 50mm/min
N90	G41 G01 X-42 F150 D01	进给到 X-42 位置，B 点
N100	G01 Y42	进给到 Y42 位置
N110	G01 X42	进给到 X42 位置
N120	G01 Y-42	进给到 Y-42 位置
N130	G01 X-42	进给到 X-42 位置
N140	G01 Y-60	进给到 Y-60 位置，回到 B 点
N150	G40 G01 X-60	进给到 Y-60 位置，回到 A 点
N160	G00 Z100	快速移动到起始高度
N170	M05	主轴停转
N180	M30	程序结束返回到程序开头

（2）铣削循环（CYCLE76）编写的凸台 84mm×84mm 外轮廓程序（见表 3-16）

表 3-16 用矩形凸台铣削循环（CYCLE76）编写的铣 84mm×84mm 外轮廓参考程序表

; XWF_2.MPF		程序名：铣 84mm×84mm 外轮廓加工程序
; 2019-10-19 LiJianHua		程序编写日期与编程者
N10	G54 G90 G17 G40	G54 绝对值编程方式
N20	T1 M6	调用 1 号刀具
N30	G00 Z100	快速移动到 Z 向 100mm
N40	X0 Y0	快速移动到起刀点 X0、Y0 位置
N50	M03 S2000 M08	主轴正转 2000r/min，切削液开
N60	X-60 Y-60	快速移动到下刀点 X-60、Y-60 位置
N70	CYCLE76（100,0,1,,5,84,84,0,-42,-42,0,4.8,0.2,0.2,150,50,0,1,94,94,1,2,3100,1,101）	矩形凸台铣削循环参数
N80	M05	主轴停转
N90	M30	程序结束返回到程序开头

3.4 方形凸台工件的凸台（轮廓自动过渡）铣削程序编制

3.4.1 倒角（CHF、CHR）、倒圆角（RND）基本指令简介

倒角、倒圆角指令功能是在一个轮廓拐角处插入倒角或者倒圆角。倒圆角一般是指四分之一圆角。在有效工作平面内的轮廓角加工可定义为倒圆或倒角加工。

可为倒角或倒圆加工设定一个单独的进给率，用以改善表面质量。如果未设定进给率，则程序进给率 F 生效。

（1）编程格式

1）轮廓角倒角 G_ X_ Y_ CHR=/CHF=< 值 >FRC=/FRCM=< 值 >

2）轮廓角倒圆 G_ X_ Y_ RND=< 值 > FRC=< 值 >

3）模态倒圆 G_ X_ Y_ RNDM=< 值 > FRCM=< 值 >

......

RNDM=0

（2）指令参数说明：

1）CHF=_ ：轮廓角倒角。< 值 >: 倒角边的长度，如图 3-27 所示。

2）CHR=_ ：轮廓角倒角。< 值 >: 倒角长度（原始运行方向上的倒角宽度）。

3）RND=_ ：轮廓角倒圆。< 值 >: 倒圆半径，如图 3-28 所示。

4）RNDM=_ ：模态倒圆（对多个连续的轮廓角执行同样的倒圆）。< 值 >：倒圆半径。使用 RNDM=0 取消模态倒圆功能。

5）RC=_ ：倒圆或倒角的逐段有效进给率。< 值 >：进给率单位为 m/min（G94 生效时）；单位为 mm/r（G95 生效时）

6）FRCM=_ ：倒圆或倒角的模态有效进给率。< 值 >：进给率单位 mm/min（G94 生效时）；单位为 mm/r（G95 生效时）。使用 FRCM=0 取消倒圆或倒角的模态有效进给率，在 F 中编程的进给率生效。

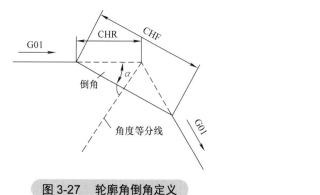

图 3-27　轮廓角倒角定义

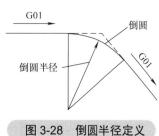

图 3-28　倒圆半径定义

例 5　两条直线之间的倒角，运行方向（CHR）上的倒角宽度为 5mm（图 3-29），倒角进给率为 200mm/min。可通过以下两种方式编程：

【格式】

① 使用 CHR 编程。

程序代码：

N50 G01 X_ CHR=5 FRC=2OO

N60 G01 X_Y_

② 使用 CHF 编程。

程序代码：

N70 G01 X_CHF=5（COS*5）FRC=2OO

N80 G01 X_Y_

设倒角宽度为 5mm。

例 6　两条直线之间的倒圆，倒圆半径为 8mm（图 3-30），倒圆进给率为 200mm/min。进行编程如下：

N30 G01 X_RND=8 FRC=2OO

N40 G01 X_Y_

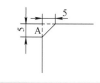

图 3-29　两直线之间倒角

图 3-30　两直线之间倒圆角

说明：指令 CHF=_ 或者 RND=_ 必须写入加工拐角的两个程序段中第一个程序段中。

指令详解：

① 倒角举例 CHF=_ 直线轮廓之间、圆弧轮廓之间以及直线轮廓和圆弧轮廓之间加入一条直线，并倒去棱角。

② 倒圆举例 RND=_ 直线轮廓之间、圆弧轮廓之间以及直线轮廓和圆弧轮廓之间加入一条圆

弧，圆弧与轮廓进行切线过渡。

3.4.2 数控加工工艺编制

本节对工件中的 76mm×76mm×5mm 凸台外轮廓进行加工，如图 3-31 所示。

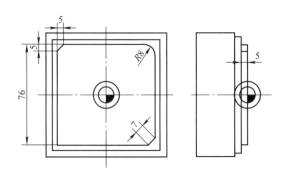

图 3-31　方形凸台工件铣 76mm×76mm×5mm 带倒角、圆角的外轮廓图样

1）制订工步表（见表 3-17）。

表 3-17　铣 76mm×76mm×5mm 外轮廓及倒角工艺过程

序号	工步名称	工步简图	说明
1	建立铣 76mm×76mm×5mm 外轮廓的工件坐标系		坐标系零点 G54 为编程坐标系编程零点
2	铣 76mm×76mm×5mm 凸台外轮廓		用 φ16mm 铣刀，顺时针方向加工
3	铣 76mm×76mm×5mm 凸台外轮廓边沿 C1.5 倒角		用 φ6mm 倒角铣刀，顺时针方向加工

2）刀具的切削参数（见表 3-18）。

表 3-18　加工刀具及参考切削参数

刀具编号	刀具名称	切削参数			说明
		背吃刀量 /mm	进给率 / (mm/min)	主轴转速 / (r/min)	
T01	立铣刀	4.8 （粗加工）	150	1200	ϕ 16mm
T01	立铣刀	5（精加工）	200	1600	ϕ 16mm
T01	倒角铣刀	1（倒角加工）	200	1600	ϕ 12mm45°

3.4.3　轮廓铣削循环指令（CYCLE79）简介及参数设置

（1）指令功能　使用多边形凸台铣削循环指令可以对任意边沿数目的多边形（或带有圆角变形）凸台进行粗加工、精加工和倒角加工。按照工件图样标注的尺寸，矩形凸台需要确定一个相应的参考点，同时还必须定义一个圆柱毛坯凸台。该圆柱毛坯凸台外部需要有敞开的区域，以便确保快速移动刀具时不会发生刀具碰撞、干涉等情况。

（2）编译后的程序格式参数列表　CYCE79（REAL_RTP, REAL_RFP, REAL_SDIS, REAL_DP, INT_NUM, REAL_SWL, REAL_PA, REAL_PO, REAL_STA, REAL_RC, REAL_APl,REAL_MIDA, REAL_MID, REAL _FAL, REAL_FALD, REAL_FFP1, INT_CDIR,INT_VARI, REAL_FS, REAL_ZIS, INT_GMODE, INT _DMODE, INT_AMODE）。

（3）多边形凸台铣削循环编程操作界面　轮廓铣削是若干个独立循环的组合，每一个循环并不能够单独使用。除了这个循环以外，还要配合轮廓程序一起使用，76mm×76mm×5mm 的外轮廓是由倒角和圆角组成的。并且，在该外轮廓上有 C1 的倒角，所以要先进行外轮廓铣削加工，然后再使用倒角功能进行倒角加工。

新建一个轮廓（该轮廓为需要倒角的轮廓），当选择"到下一元素的过渡元素"时，会多出一个加工参数选项：可以从中选择：[倒角 / 倒圆]。

1）新建轮廓（见表 3-19）。

表 3-19　操作界面参数对话框——倒角轮廓表

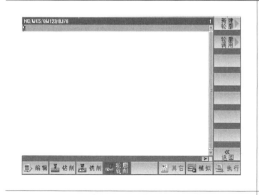 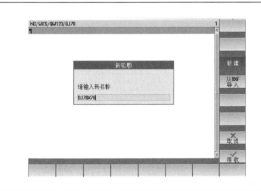

选择轮廓铣削—轮廓—新建轮廓	设置轮廓名称（轮廓名称最好以实际要加工轮廓的边界命名）

（续）

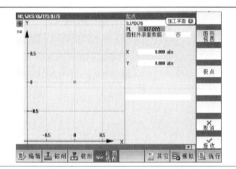	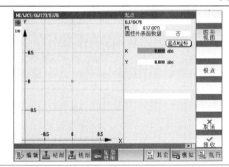
设置加工平面 G17	设置轮廓起点 X（此处设置的起点是相对于分中的中心点设置的）
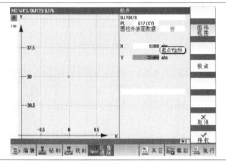	
设置轮廓起点 Y	

2）设置加工轮廓（见表 3-20）。

表 3-20　操作界面参数对话框——编辑轮廓表

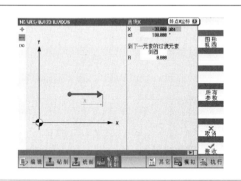	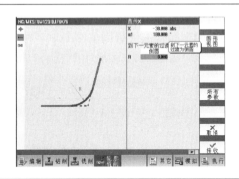
编辑轮廓：以之前设置的起点开始编辑轮廓 X1	编辑轮廓：设置过渡元素
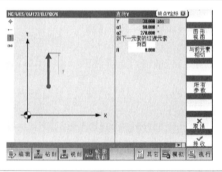	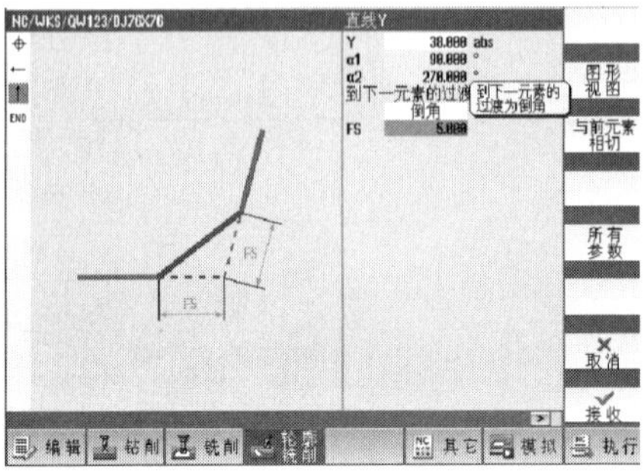
编辑轮廓：设置 Y1	编辑轮廓：设置过渡元素

（续）

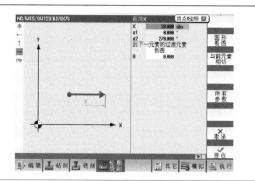

编辑轮廓：设置 X2	编辑轮廓：设置过渡元素

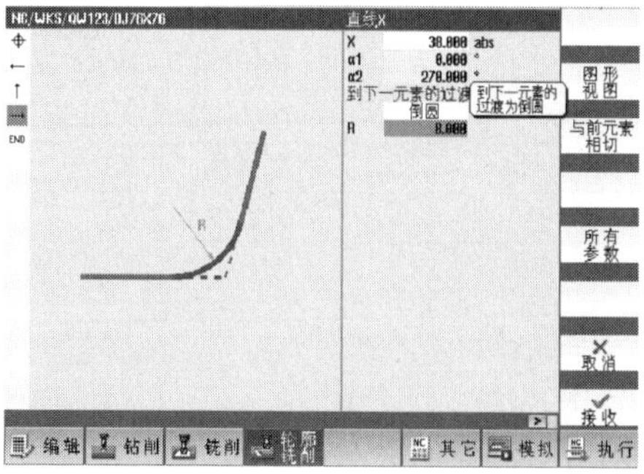

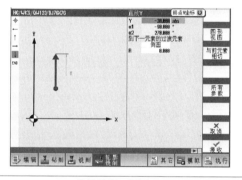

编辑轮廓：设置 Y2	编辑轮廓：设置过渡元素

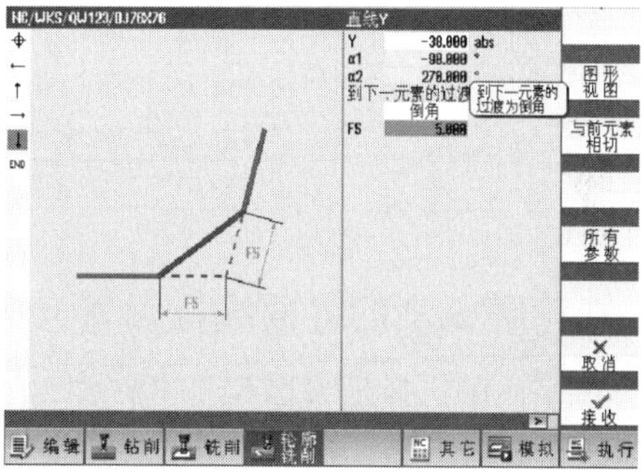

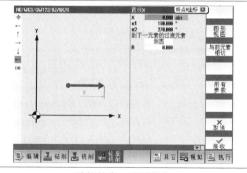

编辑轮廓：回到起点	编辑轮廓：样式

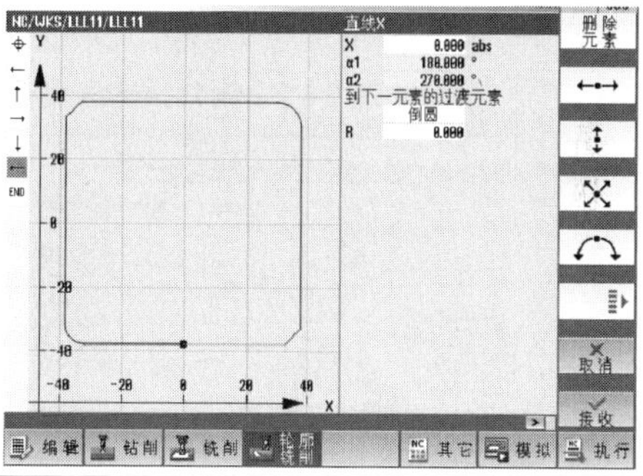

（4）参数编程操作界面说明（见表3-21）。

表3-21　参数编程操作界面说明

编号	界面参数	编程操作	说明
1	PL	选择 G17（G18、G19）	选择顺铣、逆铣 选择加工平面、选择铣削方向
2	RP	设置返回平面	距工件坐标系 Z 向零点数值（a）
3	SC	设置安全距离	无符号数值
4	F	设置进给率	单位：mm/min
5	加工 ⟳	可选择"▽"粗加工	精加工无最大吃刀量
		可选择"▽▽▽"精加工	
		可选择倒角	
		可选择边沿精加工"▽▽▽"边沿	

（续）

编号	界面参数	编程操作	说明
6	加工位置 ⟳	选择单独位置	
		选择位置模式	
7	X0	设置参考点 X1	距编程零点 X 向尺寸（位置数据）
8	Y0	设置参考点 Y1	距编程零点 Y 向尺寸（位置数据）
9	Z0	设置待铣削毛坯高度	表面距编程零点 Z 向尺寸（位置数据）
10	Φ	矩形毛坯宽度	
11	L1	矩形毛坯长度	
12	W	加工矩形凸台宽度	
13	L	加工矩形凸台长度	
14	R	矩形凸台拐角处的半径	
15	a0	输入图形旋转角度	水平轴 L 和第 1 轴的夹角（旋转角度）
16	Z1	输入腔深	选择（绝对增量）腔深（绝对增量）
17	DZ	设置最大切深（仅粗加工）	去除毛坯余量中的每次最大切削层深度
18	UXY	设置加工侧面留余量	
19	UZ	设置精加工余量深度	精加工留下的加工余量

3.4.4 轮廓铣削的界面编程设置与界面参数的编程操作说明

加工平面的选择是编程首选的要素，在编程前要确定要加工的平面、刀具返回的平面、安全距离、加工方式等编程内容。切削参数是根据刀具材料和被加工工件材料所进行计算后确定的。

当"加工"一项选择"倒角"时，会多出两个加工参数选项，可以从中选择粗加工 / 精加工底面 / 精加工边 / 倒角（见表 3-22）。

表 3-22　倒角操作界面参数对话框——加工平面与切削参数表

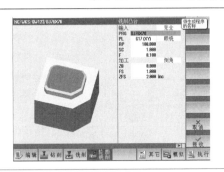	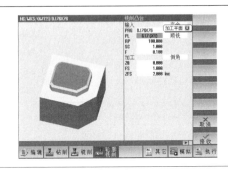
设置程序名称 DJ76X76	设置加工平面 G17
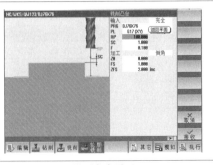	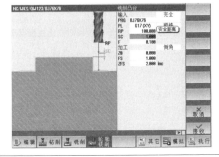
设置安全平面	设置安全距离

（续）

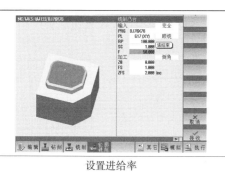	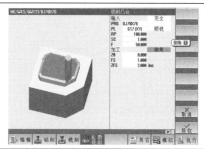
设置进给率	设置加工方式

倒角刀具按照加工参数中给定的倒角宽度和下刀深度，将倒角尺寸一次加工到位（见表 3-23）。

表 3-23　倒角操作界面参数对话框——型腔轮廓尺寸的选择

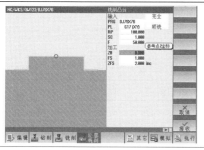	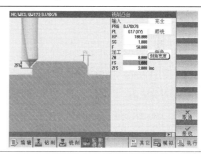
倒角加工参数：设置加工参考点	倒角加工参数：设置倒角宽度
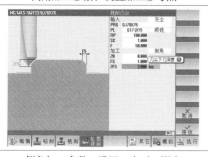	
倒角加工参数：设置刀尖下刀深度	

参数编程操作界面说明（见表 3-24）。

表 3-24　参数编程操作界面说明

编号	界面参数	编程操作	说明
1	PRG	待生成程序的名称	编辑程序名称
2	PL	选择 G17（G18、G19）	选择顺铣、逆铣 选择加工平面、选择铣削方向
3	RP	设置返回平面	距工件坐标系 Z 向零点数值（a）
4	SC	设置安全距离	无符号数值
5	F	设置进给率	单位：mm/mim
6	加工 ◯	可选择 ▽ 底部、▽▽▽ 边沿、倒角、粗加工	
7	Z0	设置待铣削毛坯高度	表面距编程零点 Z 向尺寸（位置数据）
8	FS	倒角时的斜边宽深度	
9	ZFS	刀尖切入深度	

3.4.5 参考程序编制

（1）基本指令编写的方形凸台工件 76mm×76mm×5mm 外轮廓程序（见表 3-25）

表 3-25　76mm×76mm×5mm 外轮廓参考程序 1

; XWF_1.MPF		程序名：; 76mm×76mm×5mm 外方加工程序
; 2019-09-01 LICHUNQIANG		程序编写日期与编程者
N10	G54 G90 G17 G40	G54 绝对值编程方式
N20	T01 D01	调用 1 号刀具 D01=8
N30	G00 Z100	快速移动到 Z 向 100mm
N40	X0 Y0	快速移动到起刀点 X0、Y0 位置
N50	M03 S1200	主轴正转 1200r/min，切削液开
N60	X0 Y-60	快速移动到下刀 X0 Y-60 位置
N70	Z5	快速移动到 Z5 的位置
N80	G01 Z-5 F350	粗加工进给到 Z-5 位置，进给率为 350mm/min
N90	G41 G01 X0 Y-38 F150	进给到 X0，Y-38 位置并建立刀补
N100	G01X-38 RND=6 FRC=150	进给到 X-38 位置，倒 R6mm 的圆角
N110	G01 Y38 CHR=5 FRC=150	进给到 Y38 位置，倒 5mm 的倒角
N120	G01 X38 RND=8 FRC=150	进给到 X38 位置，倒 R8mm 的圆角
N130	G01 Y-38 CHR=7 FRC=150	进给到 Y-38 位置，倒 7mm 的倒角
N140	G01 X0	进给到 X0 位置
N150	G01 Y-60	进给到 Y-60 位置
N160	G00 Z100	快速移动到起始高度
N170	G40 X0 Y0	返回 X0、Y0 位置并取消刀补
N180	M05	主轴停转
N190	M30	程序结束返回到程序开头

（2）多边形凸台铣削循环（CYCLE79）指令编写的铣外方 76mm×76mm×5mm 外轮廓程序（见表 3-26）

表 3-26　铣削方形凸台 76mm×76mm×5mm 外轮廓参考程序 2

; XWF_2.MPF		程序名：76mm×76mm×5mm 轮廓加工程序
; 2019-04-01 LICHUNQIANG		程序编写日期与编程者
N10	G54 G90 G17 G40	G54 绝对值编程方式
N20	T02 D02	调用 2 号刀具
N30	G00 Z100	快速移动到 Z 向 100mm
N40	X0 Y0	快速移动到起刀点 X0、Y0 位置
N50	M03 S2000 M08	主轴正转 2000r/min，切削液开
N60	G00 X0 Y-38	快速移动到下刀点 X0 Y-38 位置，A 点
N70	E_LAB_A_DJ76X76:	编辑加工轮廓
N80	G17 G90 DIAMOF;	

（续）

N90	G0 X0 Y-38;	编辑轮廓起点
N100	G1 X-38 RND=6;	进给到 X-38 位置，倒 R6mm 的圆角
N110	Y38 CHR=5;	进给到 Y38 位置，倒 5mm 的倒角
N120	X38 RND=8;	进给到 X38 位置，倒 R8mm 的圆角
N130	Y-38 CHR=7;	进给到 Y-38 位置，倒 7mm 的倒角
N140	X0	回到轮廓起点
N150	E_LAB_A_DJ76 X76;	结束编辑加工轮廓
N160	CYCLE79（"DJ76X76"，5,100,0,1,1, 50,0.5,2,0.1,0.1,0,,,,,1,2,,,,0,201,101）	多边形凸台铣削循环参数
N170	G00 Z100	快速移动到起始高度
N180	G00 X0 Y0	返回 X0、Y0 位置
N190	M05	主轴停转
N200	M30	程序结束返回到程序开头

（3）应用倒角铣削循环（CYCLE63）编写的铣外方 76mm×76mm×5mm 外轮廓程序（见表 3-27）

表 3-27　铣外方 76mm×76mm×5mm 外轮廓倒角参考程序 3

; XWF_3.MPF		程序名：76mm×76mm×5mm 外轮廓倒角加工程序 3
; 2019-04-01		程序编写日期与编程者
N10	G54 G90 G17 G40	G54 绝对值编程方式
N20	T02 D02	调用 2 号刀具
N30	G00 Z100	快速移动到 Z 向 100mm
N40	X0 Y0	快速移动到起刀点 X0、Y0 位置
N50	M03 S2000 M08	主轴正转 2000r/min，切削液开
N60	G00 X0 Y-38	快速移动到下刀点 X0、Y-38 位置，A 点
N70	CYCLE63（"DJ76X76"，5,100,0,1,1,50,,0.5,2,0.1,0.1, 0,,,,,1,2,,,0,201,101）	倒角铣削循环参数
N80	G00 Z100	快速移动到起始高度
N90	G00 X0 Y0	返回 X0、Y0 位置
N100	M05	主轴停转
N110	M30	程序结束返回到程序开头

3.5　孔类加工概述

3.5.1　孔类工件加工

孔加工在金属切削中占有很大的比重，应用广泛。在数控铣床和加工中心上加工孔的方法很多，根据孔的尺寸精度、位置精度及表面粗糙度等要求，一般有点孔、钻孔、扩孔、锪孔、铰孔、镗孔及铣孔等。生产实践证明，根据孔的技术要求必须合理地选择加工方法和加工步骤，现将孔的加工方法和一般所能达到的公差等级、表面粗糙度以及合理的加工顺序加以归纳，见表3-28~表3-31。

表3-28　孔的加工方法与步骤的选择

序号	加 工 方 案	公差等级 /IT	表面粗糙度 $Ra/\mu m$	适 用 范 围
1	钻	11~13	12.5~50	加工未淬火钢及铸铁的实心毛坯，也可用于加工有色金属（但表面粗糙度较差），孔径 ≤ 15~20mm
2	钻 - 铰	9	1.6~3.2	
3	钻 - 粗铰 - 精铰	7~8	0.8~1.6	
4	钻 - 扩	11	3.2~6.3	同上，孔径 ≥ 15~20mm
5	钻 - 扩 - 铰	8~9	0.8~1.6	
6	钻 - 扩 - 粗铰 - 精铰	7	0.4~0.8	
7	粗镗（扩孔）	11~13	3.2~6.3	除淬火钢外各种材料，毛坯有铸出孔或锻出孔
8	粗镗（扩孔）- 半精镗（精扩）	8~9	1.6~3.2	
9	粗镗（扩）- 半精镗（精扩）- 精镗	6~7	0.8~1.6	

表3-29　用高速钢钻头钻孔切削用量（一）

工件材料	工件材料牌号或硬度	切削用量	钻头直径 d/mm			
			1~6	7~12	13~22	23~50
铸铁	160~200HBW	$v_c/（m/min）$	16~24			
		$F/（mm/r）$	0.07~0.12	0.12~0.2	0.2~0.4	0.4~0.8
	200~240HBW	$v_c/（m/min）$	10~18			
		$F/（mm/r）$	0.05~0.1	0.1~0.18	0.18~0.25	0.25~0.4
	300~400HBW	$v_c/（m/min）$	5~12			
		$F/（mm/r）$	0.03~0.08	0.08~0.15	0.15~0.2	0.2~0.3
钢	35、45 钢	$v_c/（m/min）$	8~25			
		$F/（mm/r）$	0.05~0.1	0.1~0.2	0.2~0.3	0.3~0.45
	15Cr、20Cr	$v_c/（m/min）$	12~30			
		$F/（mm/r）$	0.05~0.1	0.1~0.2	0.2~0.3	0.3~0.45
	合金钢	$v_c/（m/min）$	8~15			
		$F/（mm/r）$	0.03~0.08	0.05~0.15	0.15~0.25	0.25~0.35

表 3-30　用高速钢钻头钻孔切削用量（二）

工件材料	工件材料牌号或硬度	切削用量	钻头直径 d/mm		
			3~8	9~28	26~50
铝	纯铝	v_c/（m/min）	20~50		
		F/（mm/r）	0.03~0.2	0.06~0.5	0.15~0.8
	铝合金（长切屑）	v_c/（m/min）	20~50		
		F/（mm/r）	0.05~0.25	0.1~0.6	0.2~1.0
	铝合金（短切屑）	v_c/（m/min）	20~50		
		F/（mm/r）	0.03~0.1	0.05~0.15	0.08~0.36
铜	黄铜、青铜	v_c/（m/min）	60~90		
		F/（mm/r）	0.06~0.15	0.15~0.3	0.3~0.75
	硬青铜	v_c/（m/min）	25~45		
		F/（mm/r）	0.05~0.15	0.12~0.25	0.25~0.5

表 3-31　镗孔切削用量

工件材料 切削用量		铸铁		钢		铝及其合金	
工序	刀具材料	v_c/（m/min）	f/（mm/r）	v_c/（m/min）	f/（mm/r）	v_c/（m/min）	f/（mm/r）
粗镗	高速钢	20~25	0.4~1.5	15~30	0.35~0.7	100~150	0.5~1.5
	硬质合金	30~35		50~70		100~250	
半精镗	高速钢	20~35	0.15~0.45	15~50	0.15~0.45	100~200	0.2~0.5
	硬质合金	50~70		90~130			
精镗	高速钢	70~90	0.08	100~135	0.12~0.15	150~400	0.06~0.1
	硬质合金		0.12~0.15				

1）钻定位孔。钻定位孔用于钻孔加工之前，由中心钻来完成，中心钻外形如图 3-32 所示。由于麻花钻的横刃具有一定的长度，引钻时不易定心，加工时钻头旋转轴线不稳定，因此利用中心钻在平面上先预钻一个凹坑，便于钻头钻入时定心。由于中心钻的直径较小，加工时主轴转速应不得低于 1000r/min。

2）钻孔。钻孔是用钻头在工件实体材料上加工孔的方法。麻花钻是钻孔最常用的刀具，一般用高速钢制造，其直径规格为 $\phi 0.1 \sim \phi 80$mm。图 3-33 所示为标准麻花钻的组成。图 3-33a 为锥柄麻花钻（$\phi 8 \sim \phi 80$mm），图 3-33b 为直柄麻花钻（$\phi 0.1 \sim \phi 20$mm），图 3-33c 为其切削部分的组成要素图。钻孔精度一般可达到 IT10~IT11，表面粗糙度值为 $Ra12.5 \sim 50\mu m$，钻孔直径范围为 0.1~100mm，钻孔深度变化范围也很大，广泛应用于孔的粗加工，也可作为不重要孔的最终加工。

图 3-32　中心钻

3）扩孔。图 3-34 所示为扩孔钻。其中图 3-34a 所示为整体高速钢锥柄的，图 3-34b 所示为套式的，图 3-34c 所示为硬质合金扩孔钻。扩孔是用扩孔钻对工件上已有的孔（钻出、铸出或锻出）进行扩大的加工，以扩大孔径，提高孔的加工质量。扩孔钻有 3~4 个主切削刃，没有横刃，它的刚性及导向性好。扩孔加工精度一般可达到 IT9~IT10，表面粗糙度值为 $Ra3.2 \sim 6.3\mu m$。扩孔常用于已铸出、锻出或钻出孔的扩大，可作为要求不高的孔的最终加工或铰孔、磨孔前的预加工，常用于直径在 10~100mm 范围内的孔加工。一般工件的扩孔使用麻花钻，对于精度要求较高或生产批量较大时应用扩孔钻，扩孔加工余量为 0.4~0.5mm。

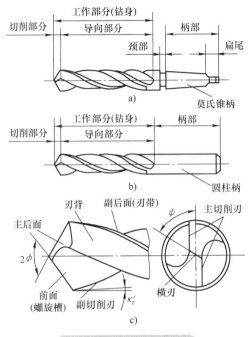

图 3-33　麻花钻的组成

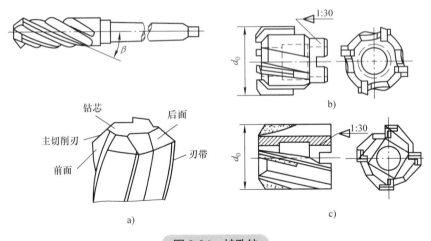

图 3-34　扩孔钻

4）锪孔。锪孔是指用锪钻或锪刀刮平孔的端面或切出沉孔的加工方法，通常用于加工沉头螺钉的沉头孔、锥孔、小凸台面等，图 3-35 所示为加工锥孔的锥度锪孔钻，锪孔时切削速度不宜过高，以免产生径向振纹或出现多棱形等质量问题。

5）铰孔。铰孔是利用铰刀（图 3-36）从工件孔壁上切除微量金属层，以提高其尺寸精度和减小粗糙度值的加工方法。它是在扩孔或半精镗孔后

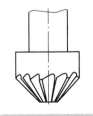

图 3-35　锪孔钻

进行的一种精加工。铰孔公差等级可达到 IT7~IT8，表面粗糙度值为 $Ra0.8~1.6\mu m$，适用于孔的半精加工及精加工。铰刀分手用铰刀和机用铰刀两种。手用铰刀为直柄，直径为 $\phi1~\phi50mm$；其工作部分较长，导向作用较好，可防止铰孔时铰刀歪斜。机用铰刀又分直柄、锥柄和套式三种，多为锥柄，直径为 $\phi10~\phi80mm$，铰刀切削速度通常取 8m/min 左右，铰削余量一般为单边 0.5~0.1mm。铰刀是定尺寸刀具，有 6~12 个切削刃，刚性和导向性比扩孔钻更好，适合加工中小直径孔。铰孔之前，工件应经过钻孔、扩孔等加工，铰孔的加工余量可参考表 3-32。

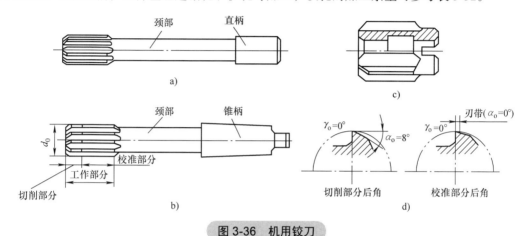

图 3-36　机用铰刀

表 3-32　铰孔的加工余量（直径值）

孔的直径	< $\phi8mm$	$\phi8~\phi20mm$	$\phi21~\phi32mm$	$\phi33~\phi50mm$	$\phi51~\phi70mm$
铰孔余量 /mm	0.1~0.2	0.15~0.25	0.2~0.3	0.25~0.35	0.25~0.35

6）镗孔。镗孔是利用镗刀对工件上已有的孔进行的加工。镗削加工适合加工机座、箱体、支架等外形复杂的大型工件上，孔径较大、尺寸精度较高、有位置精度要求的孔系，适合加工材料为钢、铸铁和有色金属。淬火钢和硬度过高的材料不宜加工。图 3-37 为单刃镗刀结构示意图，图 3-38 为微调镗刀结构示意图。镗孔特别适合于加工分布在同一或不同表面上的孔距和位置精度要求较高的孔系。镗孔加工公差等级可达到 IT7，表面粗糙度为 $Ra0.8~1.6\mu m$，应用于高精度加工场合。镗孔时，要求镗刀和镗杆必须具有足够的刚性；镗刀夹紧牢固，装卸和调整方便；具有可靠的断屑和排屑措施，确保切屑顺利折断和排出，精镗孔的余量一般单边小于 0.4mm。

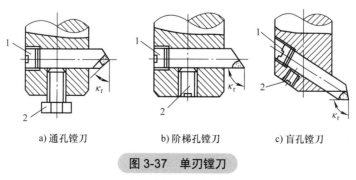

a) 通孔镗刀　　b) 阶梯孔镗刀　　c) 盲孔镗刀

图 3-37　单刃镗刀

1—调节螺钉　2—紧固螺钉

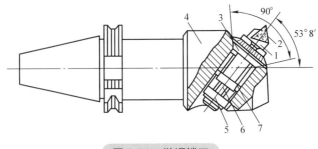

图3-38 微调镗刀

1—刀体 2—刀片 3—调整螺母 4—刀杆 5—螺母 6—拉紧螺钉 7—导向键

在孔加工中，切削用量简易的选取方法是采用估算法。如采用国产的硬质合金刀具粗加工，切削速度一般选取70m/min，进给速度可根据主轴转速和被加工孔径的大小，取每转或每齿0.1mm进给量加以换算。精加工时，切削速度一般选取80m/min，进给量取每转或每齿0.06~0.08mm，材质好的刀具切削用量还可加大。使用高速钢刀具时，切削速度为20~25m/min。表3-33所示为推荐的镗孔加工常用切削用量。

表3-33 镗孔切削用量

工件材料		铸铁		钢		铝及其合金	
切削用量		v_c /(m/min)	f /(mm/r)	v_c /(m/min)	f /(mm/r)	v_c /(m/min)	f /(mm/r)
工序	刀具材料						
粗镗	高速钢	20~25	0.4~1.5	15~30	0.35~0.7	100~150	0.5~1.5
	硬质合金	30~35		50~70		100~250	
半精镗	高速钢	20~35	0.15~0.45	15~50	0.15~0.45	100~200	0.2~0.5
	硬质合金	50~70		90~130			
精镗	高速钢	70~90	0.08	100~135	0.12~0.15	150~400	0.06~0.1

7）铣孔。在加工单件产品或模具上某些孔径不常出现的孔时，为节约定型刀具成本，利用铣刀进行铣削加工。铣孔也适合于加工尺寸较大孔，对于高精度机床，铣孔可以代替铰削或镗削。

8）攻螺纹。攻螺纹只能加工三角形螺纹，属联接螺纹，用于两件或多件结构件的联接。螺纹的加工质量直接影响到构建的装配质量效果，所以实习教学非常重视攻螺纹各环节的教学。攻螺纹前要先进行钻中心孔和钻螺纹底孔，攻螺纹过程中，丝锥牙齿对材料既有切削作用还有一定的挤压作用，所以一般钻孔直径D略大于螺纹的内径，可查表或根据下列经验公式计算

加工钢料及塑性金属时$D = d - P$，加工铸铁及脆性金属时$D = d - 1.1P$，其中，d为螺纹外径（mm）；P为螺距（mm）。

若孔为不通孔，由于丝锥不能攻到底，所以钻孔深度要大于螺纹长度，其大小按下式计算

$$孔深度 = 要求的有效螺纹长度 + （螺纹外径）$$

在数控机床进行攻螺纹加工一般选用机用丝螺纹。

机用丝锥的用途：指高速钢磨牙丝锥，适用于在机床上攻螺纹。

丝锥根据其形状分为：直槽丝锥、螺旋槽丝锥、内容屑丝锥、螺尖丝锥、挤压丝锥，其性能各有所长。图3-39所示为直槽丝锥的结构。

机用丝锥只有一根，材料一般是高速钢（因为切削速度较高），尾部一般没有方榫（当然也

有例外）使用的时候是通过机床进行切削的。

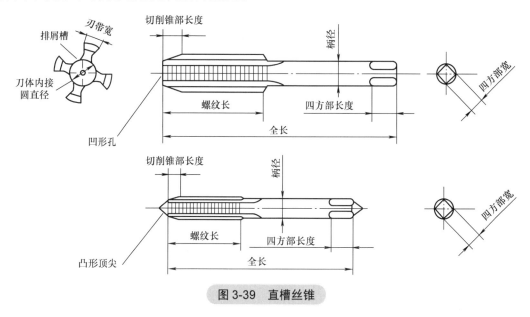

图 3-39　直槽丝锥

3.5.2　板材工件定位销孔加工编程

两个定位销孔的孔径为 $\phi10H7$，两销孔中心距为（80 ± 0.03）mm，孔深贯穿，孔位置尺寸如图 3-40 所示。

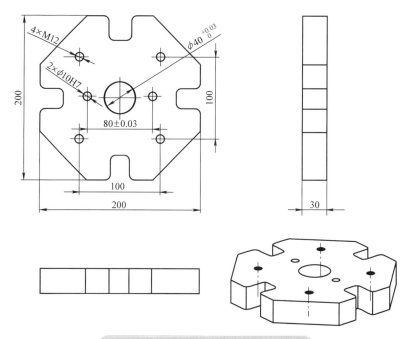

图 3-40　板材工件定位销孔加工尺寸

（1）数控加工工艺分析

1）制订工步表（见表 3-34）。

表 3-34　板材工件定位销孔加工过程

序号	工步名称	工步简图	说明
1	中心孔孔定位	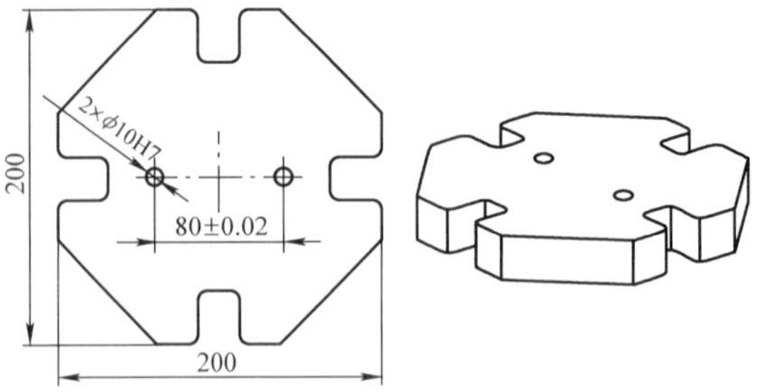 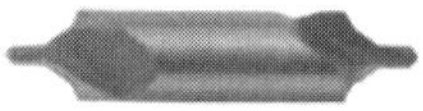 2×φ10H7　200　80±0.02　200　中心钻	对两个 φ10H7 的销孔底孔进行钻中心孔定位
2	钻孔	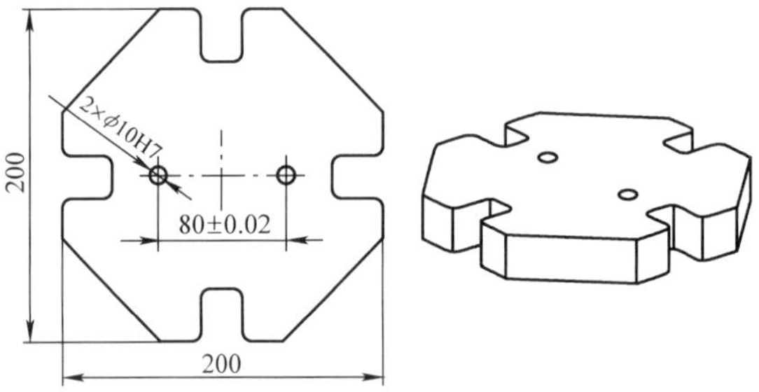  2×φ10H7　200　80±0.02　200　麻花钻	对两个 φ10H7 的销孔进行钻底孔加工，孔径为 φ9.7mm 孔深贯穿
3	铰孔	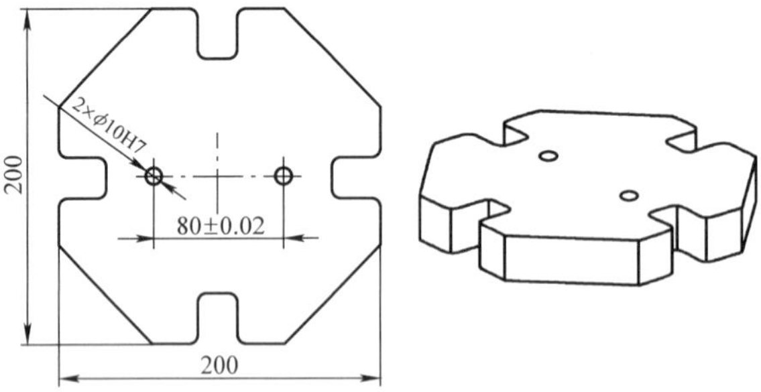  2×φ10H7　200　80±0.02　200　直柄机用铰刀	对两个 φ10H7 的销孔进行铰孔加工，孔深度贯穿

2）刀具选择。选择刀具时，要分别进行定位孔加工、钻孔加工和铰孔加工，要分别选择合适的刀具。

加工刀具选用及切削参数，中心钻选用直径 ϕ3mm，麻花钻选择直径 ϕ9.7mm，铰刀选用 ϕ10H7，工件材料为硬铝 2A12，刀具材料为高速钢。切削参数（参考值）见表3-35。

表3-35　定位销孔加工刀具及参考加工参数

刀具编号	刀具名称	刀具规格	切削参数			说明
			背吃刀量 /mm	进给率 /（mm/min）	主轴转速 /(r/min)	
T1	中心钻	ϕ3mm	2	50	1200	
T2	麻花钻	ϕ9.7mm	贯穿	100	800	
T3	铰刀	ϕ10H7	贯穿	50	400	

3）夹具与测量的选择。

① 夹具：机用虎钳。

② 量具选择：见表3-36。

表3-36　定位销孔测量量具

序号	量具名称	量程	测量位置	备注
1	游标卡尺	0~150mm	测量各孔孔距、底孔孔径	精度 0.02mm
2	塞规	ϕ8H7	测量孔径	

4）毛坯分析。材料：硬铝 2A12。毛坯为加工半成品板材料，最大外形轮廓为 200mm × 200mm × 30mm。

5）编程零点设置。一次装夹时，建议将工件坐标系零点（X、Y）设置在工件中心点，Z 设置在工件上表面。

（2）钻中心孔（CYCLE81）简介及基本参数设置

1）指令功能。使用钻中心孔循环，可以实现如下功能：

① 以写入程序中的主轴转速和进给率对单个孔或多个孔进行钻削加工至设定的最终钻孔深度（相对于刀杆或刀尖）的位置，切削至一定深度，在该深度下达到设定的钻中心孔直径；或反之。

② 在到达钻削深度处停留的时间后，刀具退回至"返回平面"位置。

2）编译后的程序格式参数列表。CYCLE81(REAL RTP，REAL RFP，REAL SDIS，REAL DP，REAL DPR，REAL_DTB，INT_DMODE，INT_AMODE)

3）编程操作界面。钻中心孔循环尺寸标注图样及参数对话框如图3-41、图3-42、图3-43所示，编程操作界面说明见表3-37，指令参数列表说明见表3-38。

创建一个新的钻孔加工程序，在打开"程序编辑器"中完成的工件加工程序工艺准备部分程序的编写。然后，按屏幕下方的软键【钻削】进入钻削循环指令调用界面屏幕右侧出现可供钻削加工选择的循环指令项目软键列表。按屏幕右方的软键【钻中心孔】，打开输入界面"定心"。

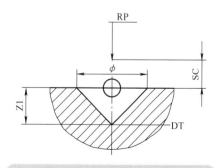

图3-41　钻中心孔循环尺寸标注图样

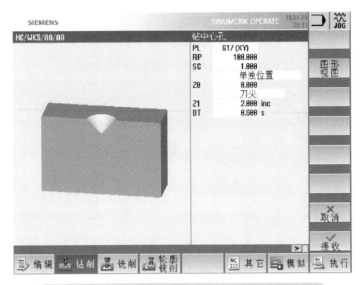

图 3-42　钻中心孔循环以深度参照参数对话框（一）

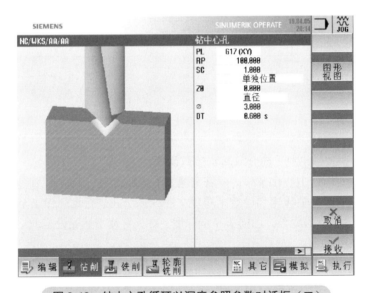

图 3-43　钻中心孔循环以深度参照参数对话框（二）

表 3-37　钻中心孔循环编程操作界面说明

序号	对话框参数	编程操作	说明
1	PL	选择 G17(G18、G19)	选择加工平面
2	RP 返回平面	输入返回平面	
3	SC 安全平面	输入安全距离	
4	加工位置	选择独立单位	在指定的位置上钻一个定心孔
		选择位置模式	带 MCALL 指定钻多个定心孔
5	ZD 参考平面	输入参考平面	指定 Z 向编程零点

（续）

序号	对话框参数	编程操作	说明
6	深度位置 ⟳	选择：直径（与直径有关）	以直径为参考编程深度。要考虑刀具表中所输入定心钻的顶角角度
		选择：刀尖（与深度有关）	以深度为参考编程深度
7	定心直径 φ	输入要求的直径	达到编程直径为止，仅在直径定心时
	Z1 尺寸模式 ⟳	输入钻削深度（abs）	达到编程深度为止，仅在刀尖定心时
		输入钻削深度（inc）	
8	DT 暂停时间 ⟳	输入停留时间	选择，最终深度停留时间
		输入停留时间	选择，最终深度停留时间

注：编写钻孔循环的"位置模式"完成后，需要在该位置处单独编写指令"MCALL"程序段，表示此次的多孔加工结束。

表 3-38 钻中心孔循环指令参数列表说明

编号	对话版参数	内部参数	说明
1	RP	RTP	返回平面（绝对）
2	Z0	RFP	参考平面（绝对）
	加工方式		（1：单独位置 2：位置模式 MCALL）
3	SC	_SDIS	安全距离（和参考平面的间距，无符号）
4	Ø/Z1	_DP	直径 φ：以直径为参考定中心。刀尖 Z1:(绝对) 以深度为参考定中心，参见 _AMODE
5		_DPR	钻削深度（增量），钻削深度以 Z0 为基准
6	DT	_DTB	最终钻削深度处的停留时间参见 _AMODE
7		_GMODE	几何值计算模式
			个体：保留参数
			十位：钻中心孔，相对于深度或直径
			0= 兼容性，深度；1= 直径
8		_DMOD E	显示模式：个位；加工平面 G17/G18/G19
			1=G17(仅在循环中有效)
			2=G18(仅在循环中有效)
			3=G19(仅在循环中有效)
9		_AMODE	可选模式
			个位：钻深 Z1（绝对 / 增量）
			0= 兼容性，取决于 DP/DPR
			1= 增量；2= 绝对
			十位：在最终钻削深度处的停留时间 DT，单位为 s 或 r
			0= 兼容性，取决于 DTB 的符号（>0 则单位为 s；<0 则单位为 r）
			1= 单位为 s；2= 单位为 r

表 3-38 列出了内部使用参数的名称、参数含义和允许的取值范围。另外，还指出了参数间的关联。"对话框参数"这一栏的用途在于，在控制系统上再编译外部生成的循环时，可以再次找到写入的值的位置。在一些循环指令的参数列表中，有些参数标记了"仅供界面显示"，这些参数只用于完整再编译循环。如果没有编写这些参数，仍可以再编译循环，但是这些参数栏就会突出显示，必须在对话框中输入数据。带有"保留参数"标志的参数必须写入 0 或空格，这样它后面的指令参数才能和内部循环参数一致。例如：字符串参数""或空格。大多数的循环指令加入了新的传递参数，或者扩大了现有参数的取值范围，以便可以编写新的函数，例如频繁使用的加工方式参数"_VARI"。

如果某些传递参数，如 _VARI、_GMODE、_DMODE、_AMODE 被作为参数间接写入，当再编译循环时会打开输入对话框，但是无法保存数据，因为对话框中有些参数下拉框的赋值不是唯一的。

4）参考程序（见表 3-39）。

表 3-39　两个 ϕ10H7 的销孔定位加工程序

行号	主程序	解释
N10	; XWF_1.MPF	两个 ϕ10H7 的销孔定位加工程序 1
N20	; 2019-04-01 XUDA	编程时间，编程人
N30	; 其他注释	
N40	G54 G90 G17 G40	选定坐标系
N50	T1 D1	选定刀具刀补
N60	G00 Z100	提刀
N70	X0 Y0	定位
N80	M03 S1200	起转
N90	X40 Y0	孔的中心位置
N100	Z5 F50	安全平面
N110	Z1	钻孔起刀点
N120	CYCLE81（100, 0, 1, , 2, 0.6, 0, 1, 11）	钻中心孔循环
N130	G00 Z100	抬刀
N140	X-40 Y0	孔的中心位置
N150	Z5 F50	安全平面
N160	Z1	钻孔起刀点
N170	CYCLE81（100, 0, 1, , 2, 0.6, 0, 1, 11）	钻中心孔循环
N180	G00 Z100	抬刀
N190	G40 X0 Y0	取消刀补
N200	M05	主轴停转
N210	M30	程序停止并返回程序开头

（3）钻孔循环（CYCLE82）简介及基本参数设置

1）指令功能。

① 使用"钻孔"循环，钻头刀具以写入程序中的主轴转速和进给速度，对单个孔或多个孔进行钻削加工至编写的最终钻孔深度（相对于刀杆或刀尖）的位置。

② 在到达钻削深度处停留的时间后，刀具退回至"返回平面"位置。

2）编译后的程序格式参数列表。CYCE82（REAL_RTP, REAL_RFP, REAL_SDIS,

REAL_DP，REAL_DPR，REAL_DTB，INT_CMODE，INT_DMODE，INT_AMODE）。

3）编程操作界面。钻孔循环（CYCLE82）尺寸标注图样及参数对话框如图3-44、图3-45、图3-46、图3-47所示，编程操作界面说明见表3-40。

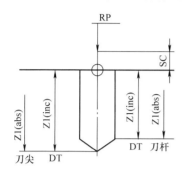

图3-44　钻孔循环尺寸标注图样

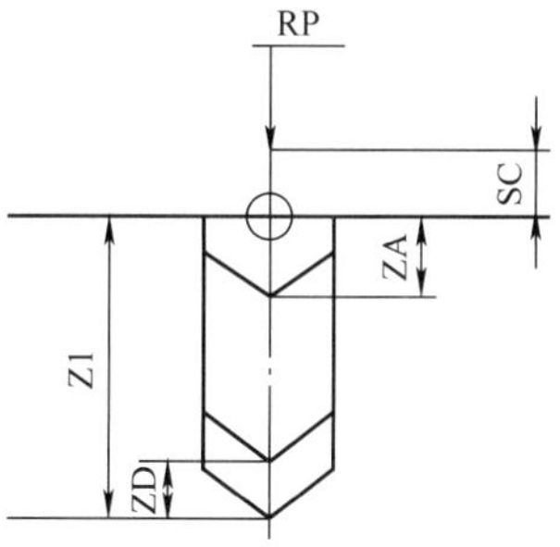

图3-45　钻孔循环孔定位及孔底钻削尺寸标注图样

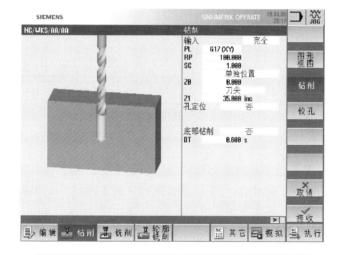

图3-46　钻孔循环无孔定位及孔底钻削参数对话框

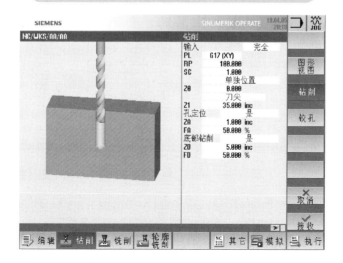

图3-47　钻孔循环有孔定位及孔底钻削参数对话框

表 3-40　钻孔循环编程操作界面说明

序号	对话框参数	编程操作	说明
1	PL 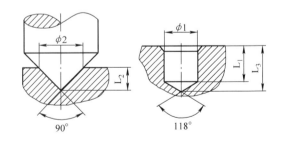	选择 G17（G18、G19）	选择加工平面
2	HP 返回平面	输入返回平面	
3	SC 安全平面	输入安全平面	
4	加工位置	选择单独位置	在指定的位置上钻一个孔
		选择位置模式	带 MCALL 指令钻多个孔
5	Z0 参考平面	输入参考平面	指 Z 向编程零点
6	深度位置	选择刀杆（与直径有关）	以刀柄为参照的编程钻孔深度，要考虑刀具表中所选择钻头的顶角角度
		选择刀尖（与深度有关）	以刀尖为参照的编程钻孔深度
7	Z1 尺寸模式	输入钻削深度（abs）	选择钻削深度
		输入钻削深度（inc）	选择 Z0 为基准的钻孔深度
8	DT 暂停时间	输入停留时间	选择最终深度的停留时间方式
		输入停留时间	选择最终深度的停留时间方式
9	ZA 孔定位深度	输入孔定位深度	相对于 Z0
10	FA 孔定位深度进给	输入孔定位深度进给	钻削进给率的百分比
11	ZD 进给率开始降低的深度	输入进给率开始降低的深度	基于 Z1
12	FD 底部钻削进给率	输入底部钻削进给率	钻削进给率的百分比

使用 SINUMERIK 系列数控系统的标准循环指令编写加工程序时，对图样尺寸的标注形式有一定的要求。SINUMERIK 828D 数控系统就此进行了较大改进，更加满足也更加适应了实际生产图样的具体情况。当然，该循环指令的参数输入界面的数据也增加了一些，钻孔加工和钻中心孔加工的尺寸标注形式一般有两种，实际加工效果是一样的。例如钻孔尺寸除了直径尺寸 $\phi 2mm$ 外，还可以标注 L_1 或 L_3，隐含着钻头的钻削顶角尺寸（默认值为 118°，828D 系统考虑到这个因素，在刀具存储器中增加了钻头顶角参数），不同顶角下的 $L_3 \sim L_1$ 的尺寸是不同的。如果选择"刀杆"定心方式，刀杆直径为 10mm，选择尺寸 L_1，实际加工中系统会按照刀具表中所输入的顶角数据自动计算出 L_3，并按照 L_3 的数据加工。按照 $L_1=L_2$ 尺寸编写的钻孔循环程序（按照钻尖对刀）运行时，在屏幕右侧尺寸软键中按软键【基本程序段】，就会弹出一个并列界面"基本程序段"，其中钻孔深度 Z 的数据并不是 10mm，而是 15.004mm。

图 3-48　钻中心孔和钻孔加工的尺寸标注形式

同理，钻中心孔循环的参数选择也是如此。因此，编程者可以根据图样尺寸标注的具体情况，选择相应的参数数据形式，即可完成符合实际图样的工件的加工任务。

4）两个 $\phi 10H7$ 的底孔加工程序（有孔定位及底部钻削）（见表 3-41）

表 3-41　两个 φ10H7 的底孔加工程序

行号	主程序	解释
N10	; XWF_2.MPF	两个 φ8H7 的底孔加工程序 2（有孔定位及底部钻削）
N20	; 2019-04-01　XUDA	编程时间，编程人
N30	;其他注释	
N40	G54 G90 G17 G40	选定坐标系
N50	T2 D2	选定刀具刀补
N60	G00 Z100	提刀
N70	X0 Y0	定位
N80	M03 S800	起转
N90	X32.5 Y0	孔的中心位置
N100	Z5 F100	安全平面
N110	Z1	钻孔起刀点
N120	CYCLE82（100, 0, 1, , 45, 0.6, 0, 1, 11, 11000, 1, 50, 5, 50）	钻孔循环
N130	G00 Z100	抬刀
N140	X-32.5 Y0	孔的中心位置
N150	Z5 F100	安全平面
N160	Z1	钻孔起刀点
N170	CYCLE82（100, 0, 1, , 45, 0.6, 0, 1, 11, 11000, 1, 50, 5, 50）	钻孔循环
N180	G00 Z100	抬刀
N190	G40 X0 Y0	取消刀补
N200	M05	主轴停转
N210	M30	程序停止并返回程序开头

（4）铰孔循环（CYCLE85）简介及基本参数设置

1）指令功能。

① 使用"铰孔"循环，铰刀以写入程序中的主轴转速和进给速度对单个孔或多个孔进行铰削加工至编写的最终铰孔深度（相对于刀杆或刀尖）的位置。

② 在达到钻削深度处停留的时间后，使用铰孔时的退回进给率（FR）退回至"返回平面"位置。

2）编译后的程序格式参数列表。CYCLE85(REAL_TP, REAL_RFP, REAL_SDIS, REAL_DP, REAL_DPR, REAL_DTB, INT_GMODE, INT_DMODE, INT_AMODE)。

3）编程操作界面。铰孔循环尺寸标注图样及参数对话框如图 3-49、图 3-50 所示，编程操作界面说明见表 3-42。

4）两个 φ10H7 的销孔铰孔加工程序（表 3-43）。

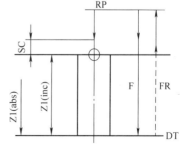

图 3-49　铰孔循环尺寸标注图样

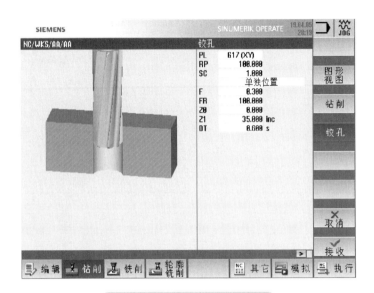

图 3-50　铰孔循环参数对话框

表 3-42　铰孔循环编程操作界面说明

序号	对话框参数	编程操作	说明
1	PL ⟳	选择 G17（G18、G19）	选择加工平面
2	RP 返回平面	输入返回平面	
3	SC 安全平面	输入安全距离	
4	加工位置 ⟳	选择单独位置	在指定的位置上钻一个孔
		选择位置模式	带 MCALL 指令钻多个孔
5	F 进给率	输入进给率	
6	FR	输入回退时的进给率	
7	Z0 参考平面	输入参考平面	指定 Z 向编程零点
8	Z1 尺寸模 ⟳	输入钻削深度（abs）	选择钻削深度
		输入钻销深度（inc）	选择以 Z0 为基准的钻削深度
9	DT 暂停时间 ⟳	输入停留时间	选择最终深度的停留时间
		输入停留时间	选择最终深度的停留时间

表 3-43　两个 ϕ10H7 的销孔铰孔加工程序

行号	主程序	解释
N10	; XWF_3.MPF	两个 ϕ10H7 的销孔铰孔加工程序 3
N20	; 2019-04-01　XUDA	编程时间，编程人
N30	; 其他注释	
N40	G54 G90 G17 G40	选定坐标系
N50	T3 D3	选定刀具刀补
N60	G00 Z100	提刀
N70	X0 Y0	定位
N80	M03 S400	起转

（续）

行号	主程序	解释
N90	X40 Y0	孔的中心位置
N100	Z5 F50	安全平面
N110	Z1	钻孔起刀点
N120	CYCLE85（100, 0, 1, , 45, 0.6, 0.3, 100, , 1, 11）	铰孔循环
N130	G00 Z100	抬刀
N140	X-40 Y0	孔的中心位置
N150	Z5 F50	安全平面
N160	Z1	钻孔起刀点
N170	CYCLE85（100, 0, 1, , 35, 0.6, 0.3, 100, , 1, 11）	铰孔循环
N180	G00 Z100	抬刀
N190	G40 X0 Y0	取消刀补
N200	M05	主轴停转
N210	M30	程序停止并返回程序开头

3.5.3 板材工件轴孔加工编程

轴孔的孔径为 $\phi 40^{+0.03}_{0}$mm，孔的中心位置在工件的中心坐标，孔深贯穿，孔位置尺寸如图 3-51 所示。

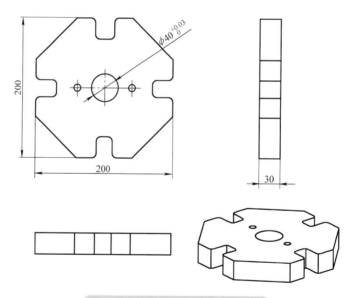

图 3-51 板材工件轴孔加工尺寸

（1）数控加工工艺分析

1）轴孔加工工艺过程。轴孔加工过程见表 3-44。

2）刀具选择。选择刀具时，要分别进行钻孔加工和镗孔加工，要分别选择合适的刀具。

加工刀具选用及切削参数，麻花钻分别选用直径 $\phi 10$mm、$\phi 20$mm、$\phi 30$mm。可调镗刀选用 $\phi 25 \sim \phi 45$mm 范围孔径。工件材料为硬铝 2A12，刀具材料为硬质合金刀片。切削参数（参考值）见表 3-45。

表 3-44　板材工件轴孔加工工艺过程

序号	工步名称	工步简图	说明
1	钻底孔	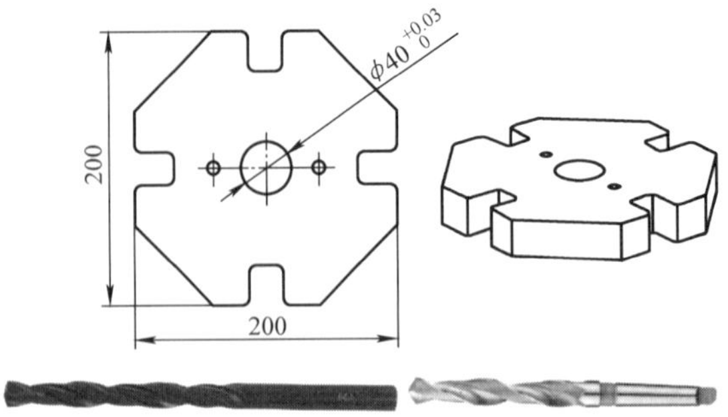 　麻花钻	底孔分别使用直径 ϕ10mm、ϕ20mm、ϕ30mm 麻花钻进行钻削
2	镗孔	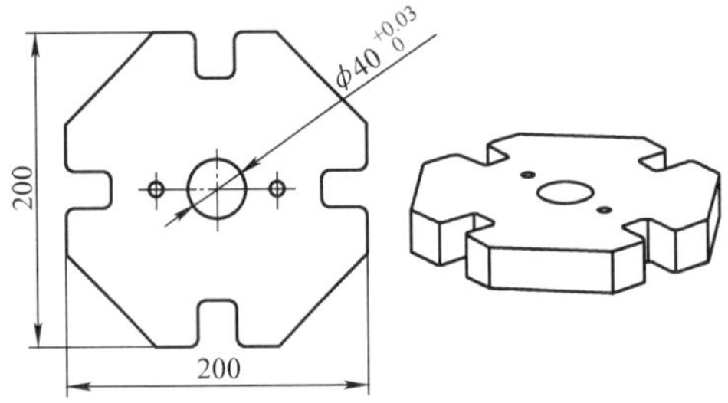 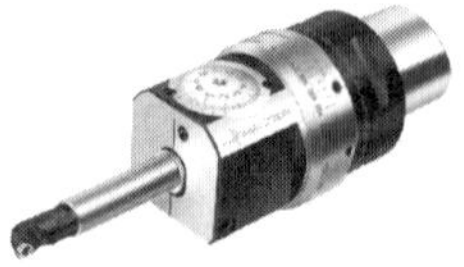 　模块式镗刀	粗镗孔到 ϕ34.6mm，精镗孔到 ϕ（400+0.03）mm

表 3-45　轴孔加工刀具及加工参数

刀具编号	刀具名称	刀具规格	切削参数			说明
			背吃刀量 /mm	进给率 /(mm/min)	主轴转速 /(r/min)	
T1	麻花钻	ϕ10mm	贯穿	100	800	
T2	麻花钻	ϕ20mm	贯穿	80	600	
T3	麻花钻	ϕ30mm	贯穿	40	500	
T4	可调镗刀镗	ϕ25~ϕ45mm	贯穿	50	400	
				25		

3）夹具与测量的选择。

① 夹具：机用虎钳。

② 量具选择：见表 3-46。

表 3-46　轴孔测量量具

序号	量具名称	量程	测量位置	备注
1	游标卡尺	0~150mm	测量 ϕ34.6mm 底孔	
2	内径千分尺	25~50mm	测量 ϕ（400+0.03）mm 内孔	

4）毛坯分析。材料：硬铝 2A12；毛坯为加工半成品板材料，最大外形轮廓为 200mm×200mm×30mm。

5）编程零点设置。一次装夹时，建议将工件坐标系零点（X、Y）设置在工件中心点，Z设置在工件上表面。

（2）镗孔循环（CYCLE86）简介及基本参数设置

1）指令功能。

① 在考虑退回平面和安全距离的情况下，将刀具快速移动到编程位置，然后以编程进给率（F）镗削至编程深度（Z1）。

② 通过SPOS指令进行定向的主轴停止。

③ 在到达镗削深度处停留的时间后，刀具返回可带退刀或不带退刀。

④ 退刀时，既可以通过机床参数，也可以在屏幕的参数对话栏中确定退刀量D。

2）编译后的程序格式参数列表。CYCLE86（REAL_RTP, REAL_RFP, REAL_SDIS, REAL_DP, REAL_DPR, REAL_DTB, INT_SDIR, REAL_RPA, REAL_RPO, REAL_RPAP, REAL_POSS, INT_GMODE, INT_DMODE, INT_AMODE）。

3）编程操作界面镗孔循环。尺寸标注图样及参数对话框如图3-52、图3-53所示，镗孔循环编程操作界面说明见表3-47。

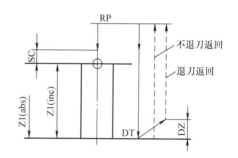

图3-52 镗孔尺寸标注图样及参数对话框

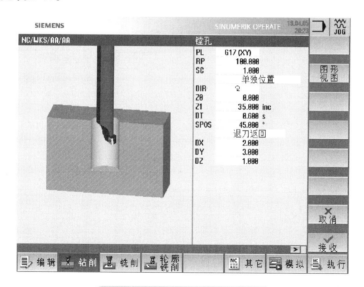

图3-53 镗孔循环参数对话框

表3-47 镗孔循环编程操作界面说明

序号	对话框参数	编程操作	说明
1	PL ⟳	选择G17（G18, G19）	选择
2	RP 返回平面	输入返回平面	
3	SC 安全平面	输入安全距离	
4	加工位置 ⟳	选择单独位置	在指定的位置上钻一个孔
		选择位置模式	带MCALL指令钻多个孔

（续）

序号	对话框参数	编程操作	说明
5	旋转方向 🔘	选择顺时针旋转	顺时针 M3
		选择逆时针旋转	逆时针 M4
6	Z0 参加平面	输入参考平面	指 Z 向编程零点
7	Z1 尺寸模式 🔘	输入镗削深度（abs）	选择镗削深度
		输入镗削深度（inc）	选择以 Z0 为基准的镗孔深度
8	DT 暂时时间 🔘	输入停留时间	选择最终膛削深度处的停留时间
		输入停留时间	选择最终膛削深度处的停留时间
9	SPOS 主轴定位	输入主轴停止位置	用于定向的主轴停止，单位为（°）
10	回退模式 🔘	选择不退刀返回	刀沿快速回退只返回平面
		选择退刀返回	刀沿孔沿起空运行至安全平面平定位
11	DX 回退量	输入在 X 方向回退量（inc）	必须选择退回模式的退刀返回
12	DY 回退量	输入在 Y 方向回退量（inc）	必须选择退回模式的退刀返回
13	DZ 回退量	输入在 Z 方向回退量（inc）	必须选择退回模式的退刀返回

4）参考程序（见表 3-48）。

表 3-48　镗 ϕ（400+0.03）mm 孔加工程序

行号	主程序	解释
N10	XWF_1.MPF	镗 ϕ（400+0.03）mm 孔加工程序 1
N20	2019-04-01 XUDA	编程时间，编程人
N30	其他注释	
N40	G54 G90 G17 G40	选定坐标系
N50	T1 D1	选定刀具刀补
N60	G00 Z100	提刀
N70	X0 Y0	定位
N80	M03 S400	起转
N90	Z5 F25	安全平面
N100	Z1	镗孔起刀点
N110	CYCLE86（100，0，1，，35，0.6，3，2，3，1，45，0，1，11）	镗孔循环
N120	G00 Z100	抬刀
N130	G40 X0 Y0	取消刀补
N140	M05	主轴停转
N150	M30	程序停止并返回程序开头

3.5.4　螺纹孔加工编程

4 个螺纹孔的规格为 M12，螺纹孔底孔为 ϕ10.3mm，有效螺纹深度贯穿，孔中心位置如图 3-54 所示。

（1）数控加工工艺分析

1）制订螺纹孔加工工步表（见表 3-49）。

2）刀具选择。选择刀具时，要分别进行定位加工、钻孔加工和攻螺纹加工，要分别选择合适的刀具。

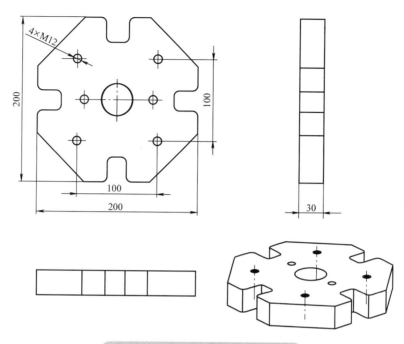

图3-54 板材工件螺纹孔加工尺寸

表 3-49 螺纹孔加工工艺过程

序号	工步名称	工步简图	说明
1	中心孔定位	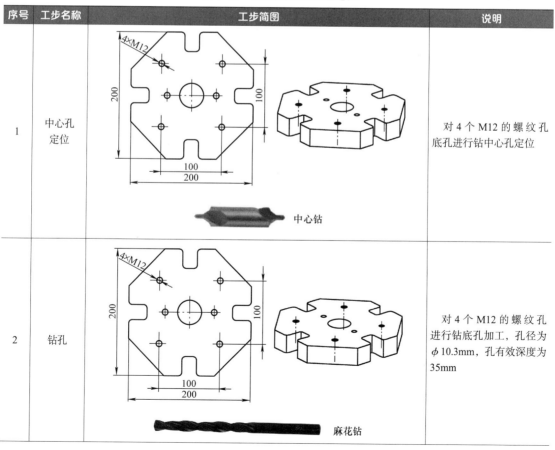中心钻	对 4 个 M12 的螺纹孔底孔进行钻中心孔定位
2	钻孔	麻花钻	对 4 个 M12 的螺纹孔进行钻底孔加工，孔径为 $\phi 10.3$mm，孔有效深度为 35mm

（续）

序号	工步名称	工步简图	说明
3	攻螺纹	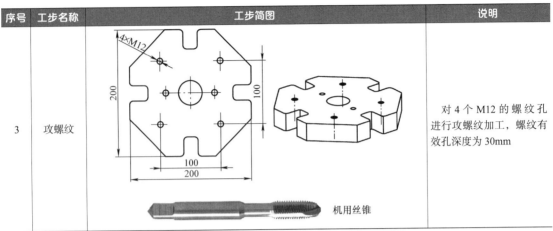	对 4 个 M12 的螺纹孔进行攻螺纹加工，螺纹有效孔深度为 30mm

加工刀具选用及切削参数，中心钻选用直径 $\phi 3$mm，麻花钻选用直径 $\phi 10.3$mm，机用丝锥选用 M12，工件材料为硬铝 2A12，刀具材料为高速钢。切削参数（参考值）见表 3-50。

表 3-50　螺纹孔加工刀具及加工参数

刀具编号	刀具名称	刀具规格	切削参数			说明
			背吃刀量 /mm	进给率 /(mm/min)	主轴转速 /(r/min)	
T1	中心钻	$\phi 3$mm	2	50	1200	
T2	麻花钻	$\phi 10.3$mm	35	100	700	
T3	机用丝锥	M12	35	187.5	150	

3）夹具与测量的选择。

① 夹具：机用虎钳。

② 量具选择：见表 3-51。

表 3-51　螺纹孔测量量具

序号	量具名称	量程	测量位置	备注
1	游标卡尺	0~150mm	测量各孔孔距、底孔孔径	精度 0.02mm
2	螺纹塞规	M12	测量 M12 螺纹	

4）毛坯分析。材料：硬铝 2A12；毛坯为加工半成品板材料，最大外形轮廓为 200mm × 200mm × 30mm。

5）编程零点设置。一次装夹时，建议将工件坐标系零点（X、Y）设置在工件中心点，Z 设置在工件上表面。

（2）攻螺纹循环指令（CYCLE84）简介及基本参数设置

1）指令功能。

① 使用攻螺纹循环可以攻内螺纹。刀具快速移动至安全距离位置，然后与主轴同步，按照编程的转速（取决于 %S）攻螺纹至编程深度。

② 可以选择进行"一刀钻削"、断屑或从工件回退进行退刀排屑。

③ 根据补偿夹具模式可以选择带有补偿夹具（弹性卡头）的攻螺纹循环模式 CYCLE840，也可以选择不带有补偿夹具的攻螺纹循环模式 CYCLE84（一般也称为刚性攻螺纹）。

④ 在到达钻削深度处停留的时间后，主轴反转，以生效的主轴回退转速返回至安全平面。最后以 G0 退回至返回平面。

2）编译后的程序格式参数列表。

① 攻螺纹，不带弹性卡头（CYCLE84）。CYCLE84（REAL_RTP，REAL_RFP，REAL_SDIS，REAL_DP，REAL_DPR，REAL_DTB，INT_SDAC，REAL_MPIT，REAL_PIT，REAL_POSS，REAL_SST，REAL_SSTI，INT_AXN，INT_PITA，INT_TECHNO，INT_VARI，REAL_DAM，REAL_VRT，STRING[15]_PITM，STRING [5]_PTAB，STRING [20]_PTABA，INT_GMODE，INT_DMODE，INT_AMODE）。

② 攻螺纹，带弹性卡头（CYCLE840）。CYCLE840（REAL_RTE，REAL_RFP，REAL_SDIS，REAL_DP，REAL_DPR，REAL_DTB，INT_SDR，INT_SDAC，INT_ENC，REAL_MPIT，REAL_PIT，INT_AXN.，INT_PITA，INT_TECHNO，STRING [15]_PITM，STRING[5]_PTAB，STRING[20]_PTABA，INT_GMODE，INT_DMODE，INT_AMODE）

3）编程操作界面攻螺纹循环。尺寸标注图样及参数对话框如图 3-55～图 3-57 所示，编程操作界面说明见表 3-52。

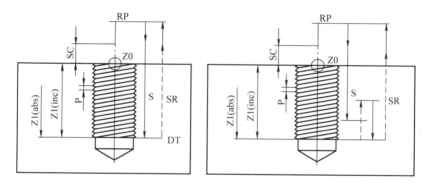

图 3-55　攻螺纹循环尺寸标注图样

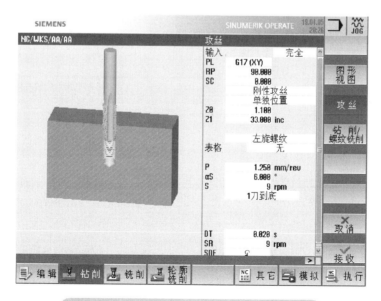

图 3-56　攻螺纹循环"刚性攻丝"参数对话框

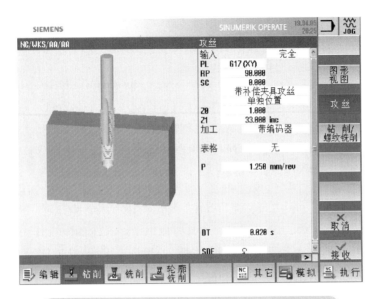

图 3-57 攻螺纹循环"带补偿夹具攻丝"参数对话框

表 3-52 攻螺纹循环编程操作界面说明

序号	对话框参数	编程操作	说明
1	PL	选择 G17（G18、G19）	选择加工平面
2	RP 返回平面	输入返回平面	返回平面（绝对）
3	SC 安全平面	输入安全距离	安全距离（无符号）
4	补偿模式	选择带补偿卡具	如弹簧夹头
		选择"刚性攻丝"	
5	加工位置	选择单独位置	在指定的位置上攻一个螺纹孔
		选择位置模式	带 MCALL 指令攻多个螺纹孔
6	Z0 参考平面	输入参考平面	指定 Z 向编程零点
7	Z1 尺寸模式	输入攻螺纹深度（abs）	选择螺纹深度位置
		输入攻螺纹深度（inc）	选择攻螺纹长度
8	螺纹方向	选择右旋螺纹	仅在"刚性攻丝"方式下
		选择左旋螺纹	
9	加工	选择带编码器	带主轴编码器的攻螺纹，带补偿夹具时
		选择不带编码	无主轴编码器的攻螺纹，带补偿夹具时
10	螺距	有效的进给	螺距由进给量得出，选择不带编码器
		用户输入	弹出螺纹类型表格，选择不带编码器
11	表格	无	选择螺纹表，选择不带编码器的用户输入方式。在下方显示出螺距值
		米氏螺纹	
		惠氏螺纹 BSW	
		惠氏螺纹 BSP	
		UNC 螺纹	
12	选择规格	选择 M1-M68	选择表格的米制螺纹
		选择 W/16"-W4"	选择表格的惠氏螺纹 BSW
		选择 G1/16"-G6"	选择表格的惠氏螺纹 BSP
		选择 N1-64UNC 等	选择表格 UNC

（续）

序号	对话框参数	编程操作	说明
13	P	选择模块（模数）	根据表格的螺纹类型及选择的螺纹尺寸，仅显示其螺距值
		输入螺距（mm/r）	
		输入螺距（in/r）	
		输入每英寸的螺距	
14	as	输入起始角偏移量	选择补偿模式的"刚性攻丝"
15	s	输入主轴速度	选择补偿模式的"刚性攻丝"
16	加工 ↻	选择一刀到底	选择补偿模式的"刚性攻丝"
		选择断屑	
		选择排屑	
17	D	输入最大吃刀量	选择"刚性攻丝"的断屑或排屑
18	回退 ↻	选择手动回退量	选择"刚性攻丝"的断屑
		选择自动回退量	
19	V2	输入每次加工后回退量	选择"刚性攻丝"断屑的手动回退量
20	DT 暂停时间 ↻	输入停留时间	攻螺纹至孔底深度处的停留时间
21	SR	输入返回的主轴速度	选择"刚性攻丝"
22	SDE ↻	循环束后顺时针旋转 ↻	选择"刚性攻丝"
		循环束后顺时针旋转 ↻	
		循环束后停止旋转 ⊗	

4）加工程序（见表 3-53 和表 3-54）。

表 3-53 4 个 M12 的螺纹孔加工程序 1（刚性攻螺纹）

行号	主程序	解释
N10	XWF_1.MPF	4 个 M12 的螺纹孔加工程序 1（刚性攻螺纹）
N20	2019-04-01 XUDA	编程时间，编程人
N30	其他注释	
N40	G54 G90 G17 G40	选定坐标系
N50	T1 D1	选定刀具刀补
N60	G00 Z100	提刀
N70	X0 Y0	定位
N80	M03 S150	起转
N90	X50 Y50	孔的中心位置
N100	Z5 F187.5	安全平面
N110	Z1	钻孔起刀点
N120	CYCLE84（90，1.1，0，，33，0.02，4，，1.25，6，9，9，0，1，0，0，5，1.4，，，，，1001，1002001）	攻螺纹循环
N130	G00 Z100	抬刀
N140	X-50 Y50	孔的中心位置
N150	Z5 F187.5	安全平面
N160	Z1	钻孔起刀点
N170	CYCLE84（90，1.1，0，，33，0.02，4，，1.25，6，9，9，0，1，0，0，5，1.4，，，，，1001，1002001）	攻螺纹循环

（续）

行号	主程序	解释
N180	G00 Z100	抬刀
N190	X-50 Y-50	孔的中心位置
N200	Z5 F187.5	安全平面
N210	Z1	钻孔起刀点
N220	CYCLE84（90，1.1，0，，33，0.02，4，，1.25，6，9，9，0，1，0，0，5，1.4，，，，，1001，1002001）	攻螺纹循环
N230	G00 Z100	抬刀
N240	X50 Y-50	孔的中心位置
N250	Z5 F187.5	安全平面
N260	Z1	钻孔起刀点
N270	CYCLE84（90，1.1，0，，33，0.02，4，，1.25，6，9，9，0，1，0，0，5，1.4，，，，，1001，1002001）	攻螺纹循环
N280	G00 Z100	抬刀
N290	G40 X0 Y0	取消刀补
N300	M05	主轴停转
N310	M30	程序停止并返回程序开头

表 3-54　4 个 M12 的螺纹孔加工程序 2（带弹簧夹头）

行号	主程序	解释
N10	XWF_1.MPF	4 个 M12 的螺纹孔加工程序 1（带弹簧夹头）
N20	2019-04-01 XUDA	编程时间，编程人
N30	其他注释	
N40	G54 G90 G17 G40	选定坐标系
N50	T1 D1	选定刀具刀补
N60	G00 Z100	提刀
N70	X0 Y0	定位
N80	M03 S150	起转
N90	X50 Y50	孔的中心位置
N100	Z5 F187.5	安全平面
N110	Z1	钻孔起刀点
N120	CYCLE840（90，1，0，，33，0.02，0，4，20，，1.25，0，1，0，，，，，1001，1）	攻螺纹循环
N130	G00 Z100	抬刀
N140	X-50 Y50	孔的中心位置
N150	Z5 F187.5	安全平面
N160	Z1	钻孔起刀点
N170	CYCLE840（90，1，0，，33，0.02，0，4，20，，1.25，0，1，0，，，，，1001，1）	攻螺纹循环
N180	G00 Z100	抬刀
N190	X-50 Y-50	孔的中心位置
N200	Z5 F187.5	安全平面
N210	Z1	钻孔起刀点

（续）

行号	主程序	解释
N220	CYCLE840（90，1，0，，33，0.02，0，4，20，，1.25，0，1，0，，，，，1001，1）	攻螺纹循环
N230	G00 Z100	抬刀
N240	X50 Y-50	孔的中心位置
N250	Z5 F187.5	安全平面
N260	Z1	钻孔起刀点
N270	CYCLE840（90，1，0，，33，0.02，0，4，20，，1.25，0，1，0，，，，，1001，1）	攻螺纹循环
N280	G00 Z100	抬刀
N290	G40 X0 Y0	取消刀补
N300	M05	主轴停转
N310	M30	程序停止并返回程序开头

第4章
CHAPTER 4

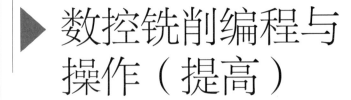

数控铣削编程与
操作（提高）

本章以图 4-1 所示圆形凸台工件为例，逐步讲解数控铣削加工的编程与操作。

工件的工艺分析：

1）从零件图上看，该工件是圆形凸台工件，在长方体上部有两个圆形凸台。

2）主要加工的面有 ϕ90mm 圆形凸台，高度为 10mm；ϕ70mm 圆形凸台，高度为 5mm，其轮廓上有四个 R9mm 的圆弧，中间有一个 ϕ40mm、深 9mm 的不通孔。

3）凸台顶部加工出 C1.5 倒角。

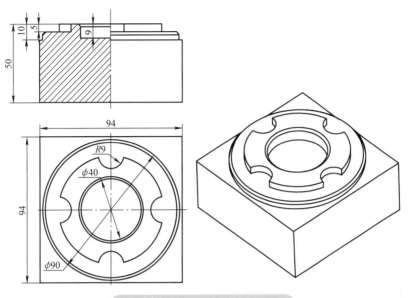

图 4-1　圆形凸台工件加工图样

4.1　铣削常用编程指令简介及格式

4.1.1　圆弧插补指令 G02、G03

针对加工图样中不同的圆弧尺寸标注形式，数控系统提供了对应的、强大的编程方法。可基于圆弧的终点和圆心坐标（绝对或相对尺寸）、圆弧的终点坐标和半径、圆弧张角和终点或者圆心坐标等形式编制圆弧铣削程序。

（1）编程格式

```
G02/G03 X__Z__CR=__              ;终点绝对坐标（工件坐标系），CR= 给定圆弧半径
G02/G03 X__Z__I=AC(__)K=AC(__) ;终点和圆心绝对坐标（工件坐标系）
G02/G03 X__Z__I__K__             ;终点绝对坐标、圆心相对于起点坐标的矢量值
```

（2）指令参数说明

G02：顺时针方向的圆弧插补。

G03：逆时针方向的圆弧插补。

X、Z：圆弧终点坐标（绝对）。

I、K：圆弧圆心点坐标（绝对或者相对），相对于起点坐标的矢量值。

CR=：圆弧半径。

4.1.2　进给功能设定指令 G95、G96、LIMS

G95：进给率（每转进给量），单位为 mm/r。

指令功能：是以主轴转数为基准，与 F（mm/r）指令配合使用的进给指令。

G96：主轴恒定切削速度，单位为 m/min。

指令功能：切削斜面或端面中，主轴转速会根据切削时工件直径尺寸的不断变化而发生改变。"恒定切削速度"功能激活时，将使得切削刃上的切削速度（单位：m/min 或 ft/min）保持恒定。

保持均匀的切削线速度，可以确保达到更好的表面质量，并且在加工时保护刀具。

LIMS=＿＿＿：主轴最高转速，单位为 r/min。

指令功能：LIMS 指令一般与 G96 恒定切削速度配合应用，避免工件因加工直径过小而导致的主轴转速过高，从而限制主轴的最高转速，避免安全事故发生。

编程示例 1：

```
N10 G96 S100 LIMS=2500              ；恒定切削速度 =100m/min，最高转
                                       速 = 2500r/min
...
N60 G96 G90 X0 Z10 F0.1 S100 LIMS=444    ；最高转速 = 444r/min
```

编程示例 2：

```
N10 T="FINISHING_TOOL"
N20 G96 F0.1 S200 M4D1              ；F = 0.1mm/r，v_c= 200m/min
N30 LIMS=3000                       ；主轴最高转速为 3000r/min
...
```

4.1.3　子程序调用

在编制加工程序的过程中，有时会遇到一组程序段在一个程序中多次出现，或者几个程序中都要使用它的情况。这个典型的加工程序可以做成固定程序，并单独加以命名，这组程序段就称为子程序。

在主程序中调用用户子程序，要么通过地址 L 和子程序号来调用，要么通过子程序名来调用。子程序的调用要求占一个独立的程序段。子程序的调用格式如下：

（1）用 L 调用

L1000 P*n*

表示调用 L1000 子程序 *n* 次。P 后的 *n* 表示调用次数，*n* 的范围为 1~9999。当 *n* 为 1 时，P 可省略。

（2）通过子程序名来调用

Mill26 P*n*

表示调用 Mill26 子程序 *n* 次。

系统子程序是用来完成特定加工工艺的工艺子程序，例如钻孔类固定循环、铣削类固定循环。

4.2　数控加工工艺编制

（1）圆形凸台工件加工工艺过程

1）毛坯准备。工件的材料为硬铝 2A12，尺寸（长 × 宽 × 高）为 94mm × 94mm × 50mm 的方形毛坯，上表面未加工。

2）确定工艺方案及加工路线。

① 选择编程零点。确定 94mm × 94mm（长 × 宽）的对称中心及上表面（O 点）为编程零点，并通过对刀设定零点偏置 G54。

② 确定装夹方法。根据图样的图形结构，选用机用虎钳装夹工件。

③ 切削用量及加工路线的确定。

a. 选用 ϕ63mm 面铣刀，并确定切削用量。

b. 根据图样要求，计算编程尺寸。

c. 编制程序。

d. 制订工步表（见表 4-1 ）。

表 4-1　圆形凸台工件数控加工工艺过程

序号	工步名称	工步简图	说明
1	铣削上平面并建立坐标系	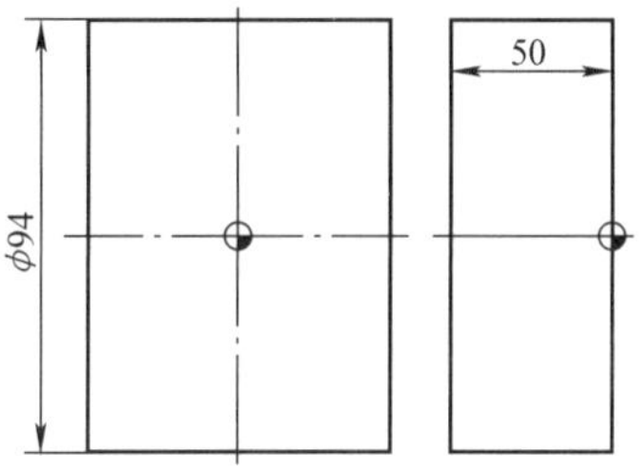	坐标系零点 G54 为编程坐标系编程零点
2	粗铣削 φ90.4mm 和 φ70mm 两外圆柱	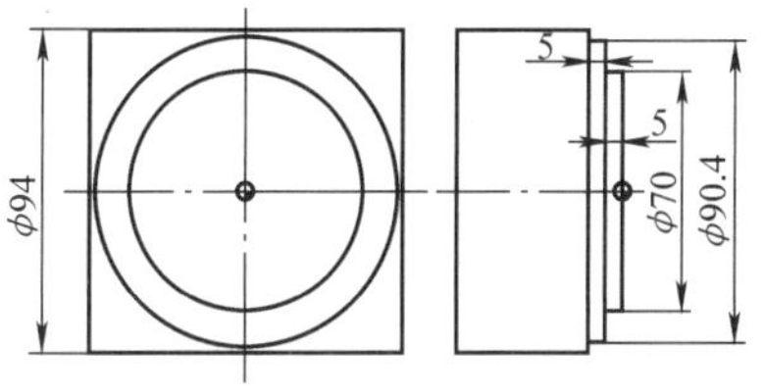	用 φ32mm 立铣刀 粗铣削 φ90.4mm 圆柱，留量单边 0.2mm
3	精铣削 φ90mm 外圆柱	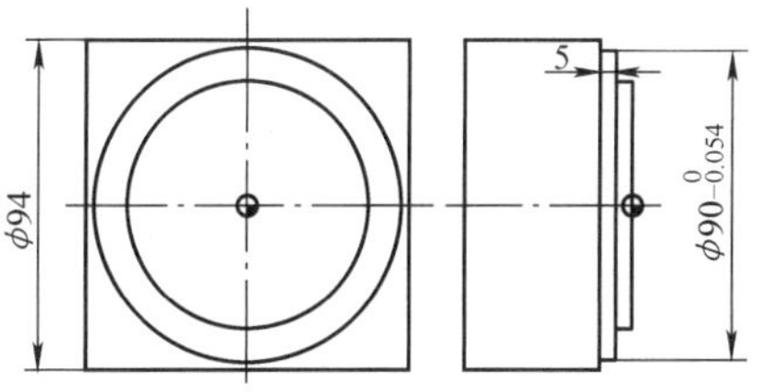	用 φ32mm 立铣刀
4	加工 4×R9mm 凹圆弧	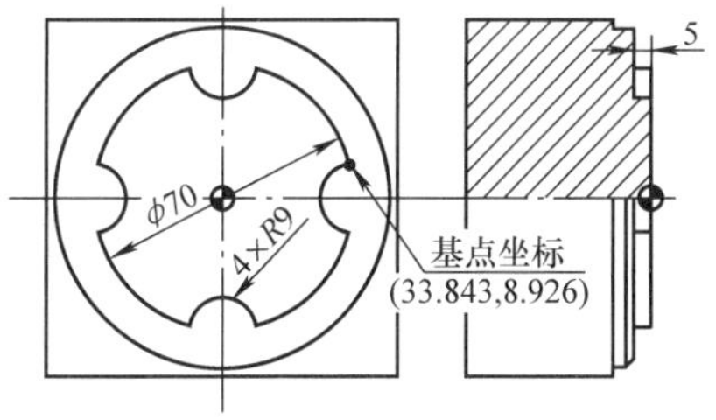 基点坐标(33.843,8.926)	用 φ16mm 立铣刀 用 R9 圆弧的圆心坐标编程；用标注基点坐标值编程
5	粗铣削 φ40.4mm、深 9mm 内孔	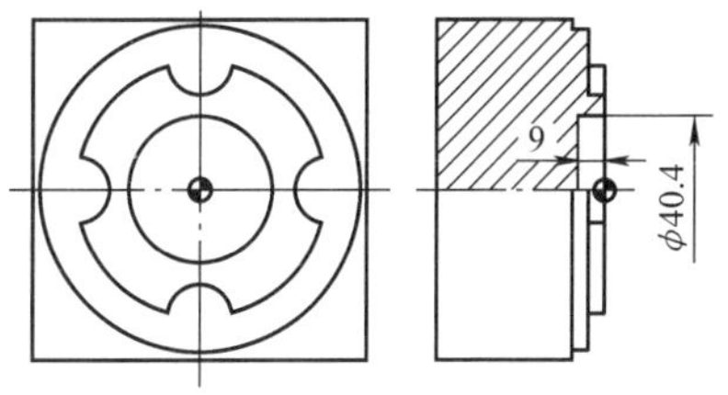	用 φ16mm 立铣刀，粗加工留量单边 0.2mm

（续）

序号	工步名称	工步简图	说明
6	精铣削 ϕ40mm、深9mm 内孔	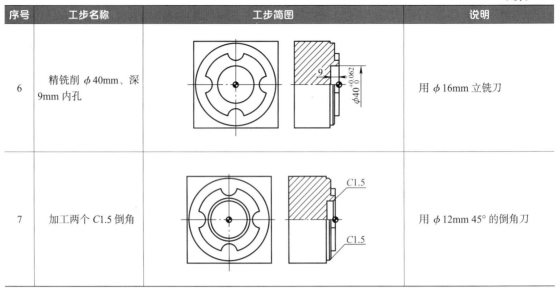	用 ϕ16mm 立铣刀
7	加工两个 C1.5 倒角		用 ϕ12mm 45° 的倒角刀

（2）刀具选择 工件的加工材料为硬铝（2A12），因此选择对应的铝材料切削加工刀具。选择刀具时，刀具半径不得大于轮廓上凹圆弧的最小曲率半径 R_{min}（R9mm），一般取 R=（0.8~0.9）R_{min}。因此选用 ϕ16mm 立铣刀进行轮廓加工，选择 ϕ12mm 45° 的倒角刀进行倒角加工，但是考虑到毛坯四个角会有残料，角点距离圆弧最近距离为 21mm，所以选择 ϕ32mm 立铣刀铣大圆台，并确定切削用量。切削参数见表 4-2。

表 4-2　加工刀具及切削参数

刀具编号	刀具名称	切削参数			刀具补偿号	
		背吃刀量 /mm	进给率 /(mm/min)	主轴转速 /(r/min)	长度	半径
T01	ϕ32mm 立铣刀	10（粗加工）	500	1000	H01	D01
T02	ϕ16mm 立铣刀	2（精加工）	1000	3000	H01	D01
T03	ϕ12mm45° 倒角刀	1.5（粗加工）	200	1600	H02	D02
T04	ϕ12mm45° 倒角刀	1.5（精加工）	200	1600	H02	D02

（3）夹具与量具选择

1）夹具。根据图样的图形结构，选用机用虎钳装夹工件，并进行找正。

2）量具。量具选择见表 4-3。

表 4-3　加工测量量具

序号	量具名称	量程	测量位置	备注
1	百分表	10mm	用虎钳装夹工件并找正	
2	游标卡尺	0~150mm	测量 ϕ70mm 外圆尺寸	精度 0.02mm
3	游标深度卡尺	0~150mm	测量 5mm、5mm、9mm 的深度和 C1.5 倒角尺寸	精度 0.02mm
4	外径千分尺	50~75mm	测量 ϕ90mm 外圆尺寸	精度 0.01mm
5	内径千分尺	25~50mm	测量 ϕ40mm 内孔尺寸	精度 0.01mm

（4）毛坯设置　工件的材料为硬铝2A12，94mm×94mm×50mm（长×宽×高）方形毛坯。

（5）编程零点设置　确定长、宽、高为94mm×94mm×50mm的工件的对称中心及上表面（0点）为编程零点，并通过对刀设定零点偏置G54，如图4-2所示。

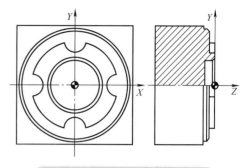

图4-2　凸台工件编程零点设定

4.2.1 铣削循环指令（CYCLE77）简介及编程

1. 铣削循环指令（CYCLE77）

（1）指令功能　使用圆形凸台铣削循环指令可以对不同直径的圆形凸台进行粗加工、精加工和倒角加工。按照零件图中标注尺寸的矩形凸台需要确定一个相应的参考点，同时还必须定义一个毛坯凸台。该毛坯凸台外部需要有敞开的区域，快速移动刀具时不会发生刀具碰撞、干涉等情况。

一般圆形凸台只需一次进刀便可完成铣削加工。如果想多次进刀切削，则必须采用不断变小的精加工余量方式来多次编写该循环指令。

（2）编程操作界面　圆形凸台铣削循环指令（CYCLE77）尺寸标注图样及参数对话框如图4-3所示，编程操作界面说明见表4-4。

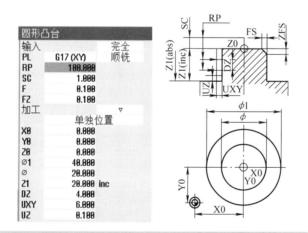

图4-3　圆形凸台铣削循环指令尺寸标注图样及参数对话框

表4-4　圆形凸台铣削循环指令（CYCLE77）"完全"输入模式下编程操作界面说明

序号	界面参数	编程操作	说明
1	输入 🔘	选择完全/简单模式	
2	PL 🔘	选择G17（G18、G19） 选择顺铣/逆铣	选择加工平面 选择铣削方向
3	RP	输入返回平面	铣削完成后的刀具轴的定位高度（abs）
4	SC	输入安全距离	相对于参考平面的间距，无符号
5	F	输入进给率	单位：mm/min
6	FZ	输入深度进给率	单位：mm/min

（续）

序号	界面参数	编程操作	说明
7	加工 ○	选择粗加工 ▽	加工性质选择（精加工时无最大切深）
		选择精加工 ▽▽▽	
		选择倒角	
8	加工位置 ○	选择单独位置	在编程位置（X0，Y0，Z0）上铣削一个圆形台
		选择位置模式（MCALL）	在一个位置模式上（如整圆等）铣削多个圆形台
9	X0	输入参考点 X 坐标	必须选择单独模式，位置取决于参考点
10	Y0	输入参考点 Y 坐标	必须选择单独模式，位置取决于参考点
11	Z0	输入参考点 Z 坐标	位置取决于参考点（abs）
12	$\phi 1$	输入凸台毛坯的直径	必须选择粗加工或精加工，确定逼近位置
13	ϕ	输入凸台直径	
14	FS	输入倒角时的斜边宽度	必须选择倒角加工
15	ZFS ○	输入刀尖插入深度（abs /inc）	加工倒角时的插入深度（刀尖）
16	Z1 ○	输入钻深，选择 abs /inc	必须选择粗加工或精加工
17	DZ	输入最大切深	必须选择粗加工或精加工
18	UXY	输入平面精加工余量	必须选择粗加工或精加工
19	UZ	输入精加工余量深度	必须选择粗加工或精加工

2. 应用CYCLE77指令编程

圆形凸台铣削循环指令（CYCLE77）编写过程是在数控系统的屏幕上采用人机对话方式完成的，进入程序编辑界面后可以按照以下步骤实施：

1）编写加工程序的信息及工艺准备内容程序段。

2）创建圆形凸台毛坯设置程序段。

按系统屏幕下方水平软键中的 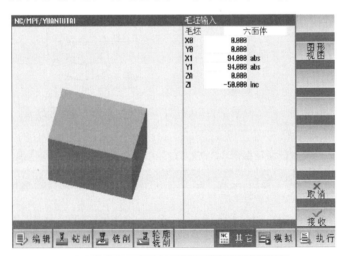其它进入毛坯设置界面，在界面右侧按 毛坯 软键，会弹出毛坯设置界面。图 4-1 所示的圆形凸台工件毛坯外形尺寸的选择与毛坯伸出尺寸的设置如图 4-4 所示。

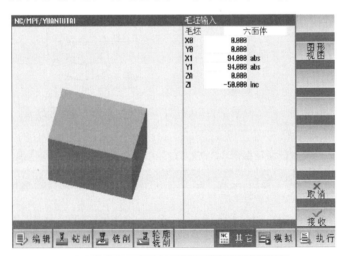

图 4-4　圆形凸台工件毛坯轮廓参数对话框

"毛坯"通过系统面板键盘上的 ○键选择"六面体"，"X0"参考点输入"0.000"，"Y0"参考点输入"0.000"，"X1"参考点输入"94.000"（abs），"Y1"参考点输入"94.000"（abs），

"ZA"毛坯上表面坐标输入"0.000"，"Z1"毛坯下表面坐标输入"–50.000"（inc）。按垂直软键中的【接收】，即可以生成以下程序段：

```
WORKPIECE(, "",, "BOX",48,0,-50,-80,0,0,94,94)
```

3）编写运行至换刀点位置轨迹。选用加工刀具："CUTTER_32"（T1），1号刀沿，刀具直径32mm，定义切削参数S为1000r/min。编写快速运行至刀具切入起点位置的进刀轨迹。

3. 编制圆形凸台铣削加工程序

按系统屏幕下方水平软键中的 ⏚铣削 进入铣削要素选择界面，在界面右侧按 多边形凸台 软键，会弹出切削参数设置界面。在界面右侧按"圆形凸台"图标软键，在圆形凸台界面的参数对话框内以铣削 ϕ90mm×10mm尺寸来设置圆形凸台切削循环参数，如图4-5所示。

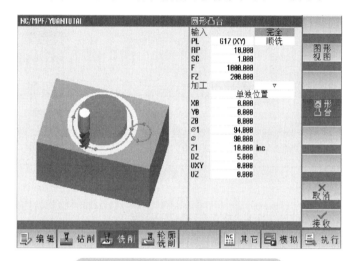

图4-5　圆形凸台切削循环参数设置

① "PL"选择加工平面选择"G17（XY）""顺铣"。

② "RP"返回平面输入"10"，"SC"安全距离输入"1"。

③ "F"进给率输入"1000"，"FZ"深度进给率输入"200"。

④ "加工"选择"▽"（粗加工）。

⑤ "位置"选取"单独位置"加工位置。

⑥ "X0" X轴循环起始点输入"0"，"Y0" Y轴循环起始点输入"0"，"Z0" Z轴循环起始点输入"0"。

⑦ "Φ1"毛坯直径尺寸输入"94"，"ϕ"工件直径尺寸输入"90"。

⑧ "Z1"加工深度输入"10"，"DZ"切削深度（吃刀量）输入"5"。

⑨ "UXY" XY轴单边留量输入"0"，"UZ" Z轴单边留量输入"0"。

核对所输入的参数无误后，按右侧下方的【接收】软键。

在完成 ϕ90mm×10mm 圆形凸台设置后重新进入"圆形凸台"界面，做如图4-6所示更改，完成倒角程序编制。参数设置如下：

① "PL"选择加工平面选择"G17（XY）""顺铣"。

② "RP"返回平面输入"10"，"SC"安全距离输入"1"。

③ "F"进给速率输入"1000"。

④ "加工"选择"倒角"。

⑤ "位置"选取"单独位置"加工位置。

⑥ "X0"X轴循环起始点输入"0","Y0"Y轴循环起始点输入"0","Z0"Z轴循环起始点输入"–5"。

⑦ "φ"工件直径尺寸输入"90"。

⑧ "FS"倒角宽度输入"1.5","ZFS"刀尖下刀深度输入"1.5"(inc)。

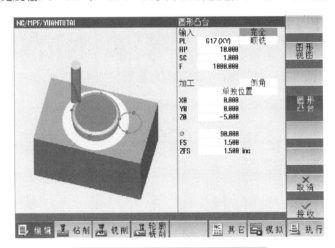

图 4-6　圆形凸台倒角程序参数设置

4.2.2　轮廓调用指令（CYCLE62）简介及编程

使用轮廓综合铣削循环指令（CYCLE63）的前提条件：在调用轮廓综合铣削循环指令CYCLE63前至少需要编写一个CYCLE62指令段。如果调用一个CYCLE62指令段，则表示该调用轮廓为"工件轮廓"；如果连着调用了两个CYCLE62指令段，则系统自动将第一个循环调用的轮廓识别为"毛坯轮廓"，第二个轮廓则是"工件轮廓"。

如果需要根据毛坯轮廓进行车削加工，必须先定义毛坯轮廓，然后再定义工件轮廓。系统会通过定义的毛坯轮廓和工件轮廓确定加工量。

轮廓调用指令（CYCLE62）支持以下四种轮廓调用选择的方法：

1）轮廓名称。轮廓位于调用的主程序中。

2）标签。轮廓位于调用的主程序中，并受所输入标签的限制。

3）子程序。轮廓位于同一工件的子程序中。

4）子程序中的标签。轮廓位于子程序中，并受所输入标签的限制。

轮廓调用指令（CYCLE62）各参数注释见表4-5，也可参照图4-7进行注释。

表 4-5　轮廓调用指令（CYCLE62）编程操作界面说明（"标签"法）

序号	界面参数	编程操作	说明
1	轮廓选择	选择轮廓调用的方法和形式	确定轮廓输入方式：0 = 子程序；1 = 轮廓名称；2 = 标签；3 = 子程序中的标签
2	LAB1	标签 1，轮廓起始	可选择"AA"，也可以选择其他字母
3	LAB2	标签 2，轮廓结束	可选择"BB"，也可以选择其他字母

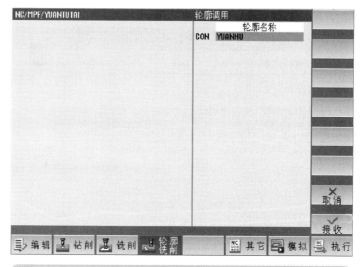

图4-7　轮廓调用指令（CYCLE62）编程操作界面参数对话框

4.2.3　轮廓综合铣削循环指令（CYCLE63）简介及编程

轮廓综合铣削循环指令（CYCLE63）是比较常用的循环指令，功能强大，能够完成常见的简单或复杂的工件轮廓铣削。

（1）指令功能　CYCLE63 指令称为轮廓综合铣削循环指令，该循环指令功能非常强大，其内容也非常丰富。该循环指令包括：型腔循环、型腔余料循环、凸台循环和凸台余料循环四个部分。虽然循环指令名称均为 CYCLE63，但其内部分为全面加工形式的型腔循环和凸台循环，以及仅用于粗加工的型腔余料循环和凸台余料循环。

1）在铣削加工带有中心岛的型腔之前，必须首先输入型腔和中心岛的轮廓。第一个指定的轮廓被视为型腔轮廓，而所有后续轮廓被视为中心岛。中心岛还可以部分在腔的外面或互相重叠。

2）在输入手动预设起始点时，起始点可以位于腔外。例如，在加工一个一侧开口的腔体时，如果起始点设定在腔体外，刀具便不插入，而是直线运动到腔体的开口侧。

3）在铣削凸台之前，必须首先输入一个毛坯轮廓，然后再输入一个或多个凸台轮廓。毛坯轮廓确定了没有材料的区域，即在该区域外可以快速进给。而毛坯轮廓和凸台轮廓之间的材料将被切除。

4）循环创建编写的轮廓铣削加工程序需要在对话框界面上输入一个待生成程序的名称。

5）可以选择加工模式（粗加工、精加工）。如果要先粗加工再精加工，必须调用两次加工循环（程序段 1 = 粗加工，程序段 2 = 精加工），编写的参数在第二次调用时仍保留。

6）如果已铣削了一个轮廓凸台，但是仍然有余料，会被自动识别（作为精加工余量保留的材料不属于余料）。余料根据加工时使用的铣刀计算。如果使用适合的刀具，不必重新加工整个凸台即可切削余料，可以避免不必要的退刀。

7）如果铣削多个凸台，并且希望避免不必要的换刀，可以先铣削所有凸台后切除余料。

（2）编程操作界面　型腔循环指令（CYCLE63）编程操作界面说明见表4-6。型腔循环和型腔余料循环指令（CYCLE63）的编程操作界面参数对话框如图4-8所示。

表 4-6　型腔循环指令（CYCLE63）编程操作界面说明

序号	界面参数	编程操作	说明
1	输入 ○	选择完全 / 简单模式	
2	PRG	输入待生成程序的名称	
3	PL ○	选择 G17（G18、G19） 选择顺铣 / 逆铣	选择加工平面 选择铣削方向
4	RP	输入返回平面	铣削完成后的刀具轴的定位高度（绝对）
5	SC	输入安全距离	相对于参考平面的间距，无符号
6	F	输入进给率	单位：mm/min
7	加工 ○	选择粗加工 ▽	加工性质选择
		选择边沿精加工 ▽▽▽	
		选择底部精加工 ▽▽▽	
		选择倒角	
8	Z0	输入参考点 Z 坐标	
9	Z1 ○	输入最终深度（abs/inc）	必须选择粗加工、边沿精加工和底部精加工
10	FS	输入倒角时的斜边宽度	必须选择倒角加工
11	ZFS ○	输入刀尖插入深度（abs/inc）	必须选择倒角加工
12	DXY ○	选择最大平面进给量（inc）	必须选择粗加工
		选择最大平面进给量（％）	必须选择粗加工，是铣刀直径的百分比
13	DZ	输入最大切深	必须选择粗加工或边沿精加工
14	UXY	输入平面精加工余量	必须选择粗加工、边沿精加工和底部精加工
15	UZ	输入精加工深度余量	必须选择粗加工和底部精加工
16	起点 ○	选择手动（预设）	必须选择粗加工或底部精加工
		选择自动	必须选择粗加工或底部精加工
17	XS	输入起始点 X 坐标	必须选择起始点手动
18	YS	输入起始点 Y 坐标	必须选择起始点手动
19	下刀方式 ○	选择垂直	铣刀必须在中心上方切削或必须预钻削
		选择螺线	沿着由半径和每转深度定义的螺线轨迹运行
		选择往复	铣刀中心点沿着直线路径来回往复插入
20	FZ	输入深度进给率	必须选择切入垂直和粗加工
21	EP	输入螺线的最大螺距	必须选择切入螺线
22	ER	输入螺线半径	必须选择切入螺线
23	EW	输入最大插入角	必须选择切入往复
24	重新进给前的回退模式 ○	选择回退到返回平面	不能选择倒角加工。如需要多次深度进给，应指定刀具在各次进给之间回退到的高度
		选择 Z0+ 安全距离	

注：进给率单位保持调用循环前的单位。

 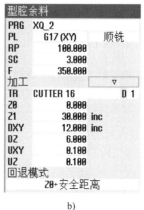

a)   b)

图 4-8 型腔循环和型腔余料循环的编程操作界面参数对话框

对应图 4-8a 所示参数生成的型腔循环的程序样例如下：

CYCLE63("XQ_1",1,100,0,3,16,300,0.2,6,4,0.2,0.15,0,0,0,2,2,15,1,2,"",1,,0,101,101)

对应图 4-8b 所示参数生成的型腔余料循环的程序样例如下：

CYCLE63("XQ_2",1001,100,0,3,30,350,,12,6,0.1,0.1,0,0,0,,,,,,"CUTTER16",1,,0,1101,1)

对应图 4-9a 所示参数生成的凸台循环的程序样例如下：

CYCLE63("TT_1",4,100,0,3,20,400,,6,4,0.1,0.1,0,,,,,1,2,,,,0,201,101)

对应图 4-9b 所示参数生成的凸台余料循环的程序样例如下：

CYCLE63("TT_2",1,100,0,1,-25,0.1,,60,5,0.2,0.1,0,,,,,,,"CUTTER12",1,,0,1201,10)

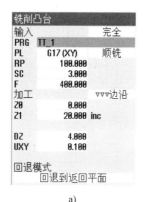 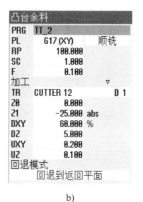

a)   b)

图 4-9 凸台循环和凸台余料循环的编程操作界面参数对话框

（3）圆弧凸台外轮廓铣削工艺循环指令编程 本加工案例为了方便表达编程过程没有按照"先粗后精、交叉结合"的工艺安排。

圆弧凸台外轮廓铣削加工程序编制主要步骤如下：

1）编写加工程序的信息及工艺准备内容程序段。

2）创建毛坯设置程序段（本程序是在 4.2.1 的程序后面编写的，前两个步骤可省略）。

3）编制加工刀具。选用立铣刀"CUTTER_16"（T2），定义切削参数 S 为 2000r/min。

4）创建轮廓。根据 4.2.2 讲解的创建轮廓方法创建两个轮廓，分别命名为 DAYUAN 和

YUANHU。

5）创建轮廓调用（CYCLE62）指令段。

> 提示：提先创建轮廓调用（CYCLE62）指令段，然后再调用轮廓综合铣销循环指令，否则会出现程序校验报警。

按系统屏幕下方水平软键中的 进入轮廓铣削循环界面，在界面右侧按 轮廓 软键，会弹出带有 新建轮廓 和 轮廓调用 软键的界面。按 轮廓 进入"轮廓调用"表格，在"轮廓选择"项中选择"轮廓名称"调用方式，"轮廓名称"填写"DAYUAN"。重复操作，调用名称为"YUANHUA"的轮廓。

核对所输入的参数无误后，按右侧下方的【接收】软键，在编辑界面的程序中出现CYCLE62（"DAYUAN",1,,）和CYCLE62（"YUANHU",1,,）这两行程序段。

6）根据表4-1圆形凸台工件数控加工工艺过程中的"工步2"，应用轮廓综合铣削循环指令（CYCLE63），选择凸台循环指令，设置圆弧凸台轮廓铣削循环编程界面参数，如图4-10所示。

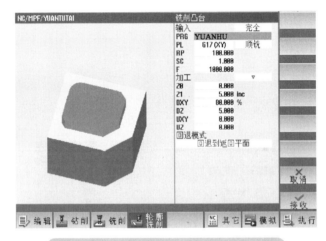

图4-10　圆弧凸台轮廓编程界面参数设置

① "PRG"程序名称输入"YUANHU"。

② "PL"选择"G17"（XY）。

③ "RP"返回平面输入"100"，"SC"安全距离输入"1"，"F"进给率输入"1000"。

④ "加工"选择粗加工"▽"。

⑤ "Z0"参考点Z轴坐标输入"0"，"Z1"深度输入"5"（inc）。

⑥ "DXY"最大切宽输入"80"（%），"DZ"深度输入"5"。

⑦ "UXY"边沿精加工余量输入"0"，"UZ"底部精加工余量输入"0"。

⑧ "回退模式"选择"回退到返回平面"。

核对所输入的参数无误后，按右侧下方的【接收】软键，在编辑界面的程序中出现CYCLE63（）这一行程序段。

4.2.4　圆形腔铣削工艺循环指令（POCKET4）简介及编程

（1）指令功能

　　1）圆形腔铣削属于型腔铣削的一种，用于封闭的圆形凹型腔体的粗加工、精加工、侧壁精加工和倒角加工。该圆形腔可以是完整实体加工形式，也可以是预先钻孔再加工形式。

　　2）如果铣刀端刃没有切过中心，则首先在工件实体中心预钻孔腔（依次编写钻孔、圆形腔和位置程序段）。也可以根据选择的刀具配合预钻孔方式进行切削，或选择预钻孔、垂直、螺旋线和往复方式的进刀策略切入工件，其加工方式始终为从内向外切削。

　　（2）编程操作界面　圆形腔铣削工艺循环指令（POCKET4）尺寸标注图样及参数对话框如图 4-11 和图 4-12 所示，编程操作界面说明见表 4-7。

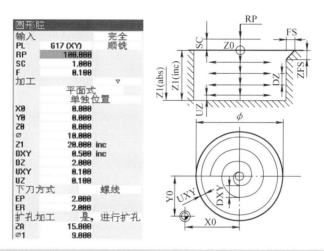

图 4-11　圆形腔铣削工艺循环指令尺寸标注图样及参数对话框

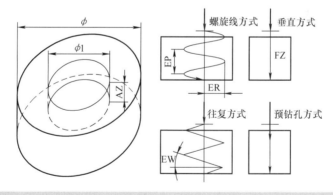

图 4-12　圆形腔铣削工艺循环指令预留型腔尺寸及下刀方式尺寸

表 4-7　圆形腔铣削工艺循环指令（POCKET4）"完全"输入模式下编程操作界面说明

序号	界面参数	编程操作	说明
1	输入 ⟳	选择完全 / 简单模式	
2	PL ⟳	选择 G17（G18、G19） 选择顺铣 / 逆铣	选择加工平面 选择铣削方向
3	RP	输入返回平面	铣削完成后的刀具轴的定位高度（abs）
4	SC	输入安全距离	相对于参考平面的间距，无符号

（续）

序号	界面参数	编程操作	说明
5	F	输入进给率	单位：mm/min
6	加工 ○	选择粗加工 ▽	平面方式或螺线方式
		选择精加工 ▽▽▽	平面方式或螺线方式
		选择边沿精加工 ▽▽▽	平面方式或螺线方式
		选择倒角	
7	加工方式	选择平面式	平面方式加工圆形腔
		选择螺线	螺线方式加工圆形腔
8	加工位置 ○	选择单独位置	在编程位置（X0，Y0，Z0）上铣削一个圆形腔
		选择位置模式（MCALL）	在一个位置模式上（如栅格等）铣削多个圆形腔
9	X0	输入参考点 X 坐标	必须选择单独模式，位置取决于参考点
10	Y0	输入参考点 Y 坐标	必须选择单独模式，位置取决于参考点
11	Z0	输入参考点 Z 坐标	位置取决于参考点（abs）
12	Φ	输入圆形腔直径	圆形腔直径或半径
13	FS	输入倒角时的斜边宽度(inc)	必须选择倒角加工
14	ZFS	输入刀尖插入深度（abs/inc）	加工倒角时的插入深度（刀尖）
15	Z1	输入圆形腔深（abs/inc）	必须选择粗加工、精加工或边沿精加工
16	DXY ○	选择最大切宽（inc）	必须选择粗加工或精加工
		选择最大切宽（%）	必须选择粗加工或精加工，是铣刀直径的百分比
17	DZ	输入最大切深	必须选择粗加工、精加工或边沿精加工
18	UXY	输入平面精加工余量	必须选择粗加工、精加工或边沿精加工
19	UZ	输入精加工余量深度	必须选择粗加工或精加工
20	切入 ○	选择垂直	必须选择粗加工、精加工或边沿精加工
		选择预钻削	
		选择螺线	
21	FZ	输入深度进给率	必须选择切入垂直
22	EP	输入螺线的最大螺距	必须选择切入螺线
23	ER	输入螺线半径	
24	扩孔加工 ○	选择完整加工	从整块料铣削出圆形腔
		选择再加工	已有一个圆腔或钻孔，需要将其扩大
25	ZA	输入预加工深度	必须选择扩孔再加工
26	$\phi 1$	输入预加工直径	必须选择扩孔再加工

注：表内参数 SC、FS 和 ZFS 输入数值不当时，在内轮廓倒角加工中可能会输出故障。

（3）圆形腔铣削工艺循环指令编程　圆形腔铣削工艺循环指令（POCKET4）编写过程是在数控系统的屏幕上采用人机对话方式完成的，进入程序编辑界面后可以按照以下步骤实施：

按系统屏幕下方水平软键中的 铣削 进入铣削要素选择界面，在界面右侧按 型腔 软键，会弹出切削参数设置界面。在界面右侧按【圆形腔】图标软键，在圆形腔界面的参数对话框内设置圆凸台工件大圆切削循环参数，如图 4-13 所示。

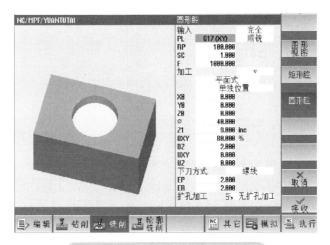

图 4-13　圆形腔切削循环参数设置

① "PL" 选择加工平面选择 "G17（XY）" "顺铣"。

② "RP" 返回平面输入 "100"，"SC" 安全距离输入 "1"。

③ "F" 进给率输入 "1000"。

④ "加工" 选择 "▽"（粗加工）、"平面式"。

⑤ "位置" 选取 "单独位置" 加工位置。

⑥ "X0" X 轴循环起始点输入 "0"，"Y0" Y 轴循环起始点输入 "0"，"Z0" Z 轴循环起始点输入 "0"。

⑦ "Φ" 腔直径尺寸输入 "40"。

⑧ "Z1" 加工深度输入 "9"，"DZ" 切削深度（吃刀量）输入 "2"。

⑨ "UXY" XY 轴单边留量输入 "0"，"UZ" Z 轴单边留量输入 "0"。

⑩ "下刀方式" 选取 "螺线"。

换刀并给定转速后，重新进入该页面，填入图 4-14 所示参数，调用循环程序加工圆形腔倒角。

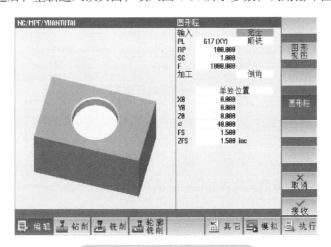

图 4-14　圆形腔倒角参数设置

① "PL" 选择加工平面选择 "G17（XY）" "顺铣"。

② "RP" 返回平面输入 "100"，"SC" 安全距离输入 "1"。

③ "F" 进给率输入 "1000"。

④ "加工" 选择 "倒角"。

⑤ "位置" 选取 "单独位置" 加工位置。

⑥ "X0" X 轴循环起始点输入 "0"，"Y0" Y 轴循环起始点输入 "0"，"Z0" Z 轴循环起始点输入 "0"。

⑦ "Φ" 腔直径尺寸输入 "40"。

⑧ "FS" 倒角宽度输入 "1.5"，"ZFS" 刀尖下刀深度输入 "1.5"。

核对所输入的参数无误后，按右侧下方的【接收】软键，在编辑界面的程序中出现 POCKET4(100,0,1,9,40,0,0,2,0,0,1000,0.1,0,21,80,9,15,2,2,0,1,2,10100,111,111) 和 POCKET4(100,0,1,9,40,0,0,2,0,0,1000,0.1,0,25,80,9,15,2,2,0,1.5,1.5,10100,111,111) 这两行程序段。

4.2.5 "图形轮廓编辑器" 简介及操作流程

轮廓铣削循环指令是非常有用的循环指令，也是 828D 数控铣削系统的一个特色。使用轮廓铣削循环指令时，需要将零件轮廓图形编辑成系统图形指令，以便于数控系统对其进行计算与分析。这种编辑方法与过程称为 "图形轮廓编辑器"，其基本使用方法与操作说明如下：

（1）平面功能区划分　屏幕自左至右分为四个功能区。最左侧为图素编辑进程树显示区，其次是轮廓图形显示区，第三个是图素几何尺寸数值输入区，最右侧是操作软键区，如图 4-15 所示。

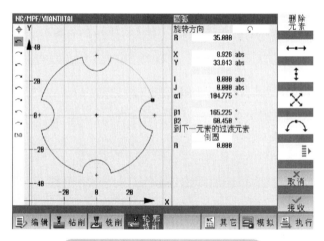

图 4-15　图形轮廓编辑器界面示例

1）图素编辑进程树显示区：自上而下，按照编辑顺序排列编辑符号，每个符号对应着一个图素或编辑操作动作。

2）轮廓图形显示区：在彩色界面中，显示对应图形及标注尺寸的对应关系。标注尺寸随图素几何尺寸数值输入区中的数值变化而变化，且该尺寸颜色变成橙色。线段行进方向的端点为一橙色方点。

3）图素几何尺寸数值输入区：用于在系统屏幕上输入图素尺寸数据、线段行进方向及相关刀具路径参数等。尺寸数据为非绝对方式、绝对方式或相对方式。与轮廓图形显示区相对应。变为深黄色的栏目为输入栏，不变色的栏目为关联尺寸栏，关联尺寸栏不能输入数值。

4）操作软键区：功能软键按钮按竖直方向排列，根据标注字符含义或图形含义选择相应操作。

（2）非垂直直线角度规定　以加工平面第一轴的正方向为 0°，顺时针转角为负，逆时针转角为正。

（3）光标键的功能

1）按光标键【◄】，接收输入数值，并在屏幕上画出轮廓线条（当前轮廓图素为深黄色），再按一次，则进入程序编辑器界面。

2）按光标键【►】，调出图素几何尺寸显示和数值输入界面，激活数值输入框。

光标键【◄】和【►】为界面互逆操作功能形式。

3）按光标键【▲】和【▼】，在激活的功能区选择相应的项目（图素符或输入栏目）。

（4）轮廓编辑器的使用

1）在编辑界面内，每个生成的循环指令行最后都有一个符号"→"，表示光标右键，按光标键【►】，屏幕将进入循环参数输入界面。而在循环参数输入界面，按光标键【◄】可直接退出当前界面，返回程序编辑界面。

2）第一次使用"图形轮廓编辑器"时，在屏幕最左侧存在两个功能符号：第一个符号"⊕"为图形起点符号，下面有一个"END"图形结束符号。这两个符号是不能删除的。编辑图形轮廓时，首先需要确定图形起点坐标位置，其后的轮廓图素按照规划好的方向分别插入上述两个符号之间。若有问题，可以回退修改。

3）在输入坐标值数据有明显错误时，如忽视了坐标值的正负号，屏幕上将弹出提示框"放弃输入 几何值相矛盾"，且拒绝输入下一个数值。此时，应检查前面所输入数据的正确性。

4）在输入坐标值数据后，如输入圆弧图样数据后，右侧可能会出现新软键【对话选择】和【接收对话】。根据图形显示区显示图形与数值输入区中各非输入参数项显示的几何数据，对其进行合理性判断，先反复按【对话选择】软键，最后按【对话接收】软键，认可所输入的图形几何参数。如果仍不正确，则应检查图样的尺寸关系或标注尺寸的方法。

5）当编辑圆弧与直线连接或圆弧与圆弧连接时，若为相切的约束关系，需要按右侧的【与前面元素相切】软键。系统在编辑两个图素时，才会判断并处理此关系。

（5）绘制圆弧轮廓　操作过程如下：顺次按下【轮廓铣削】和【新轮廓】软键，输入新轮廓名称"YUANHU"，按【接收】软键，如图4-16和图4-17所示。此时会启用轮廓计算器的轮廓绘图进程树，圆弧凸台的轮廓创建过程见表4-8。当圆弧凸台轮廓输入完毕后，按进程树下方的"END"图标，再按【接收】软键，就会关闭轮廓计算器的轮廓绘图进程树。

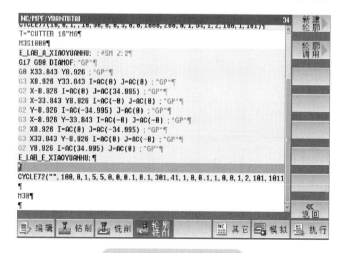

图4-16　轮廓铣削界面

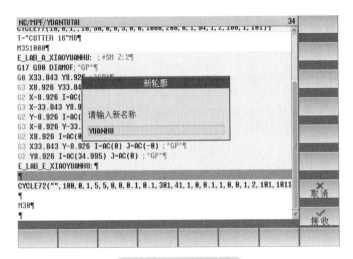

图 4-17　创建新轮廓

表 4-8　圆弧凸台轮廓计算器创建轮廓过程

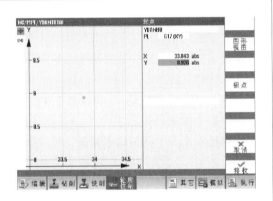

1）设置轮廓名称及轮廓起点

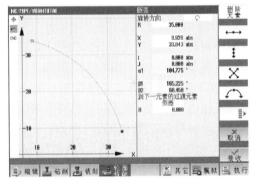

2）逆时针沿 R35mm 圆弧到 X8.926、Y33.843 位置

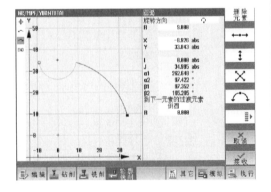

3）顺时针沿 R9mm 圆弧到 X-8.926、Y33.843 位置

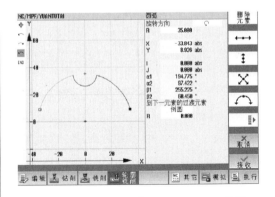

4）逆时针沿 R35mm 圆弧到 X-33.843、Y8.926 位置

（续）

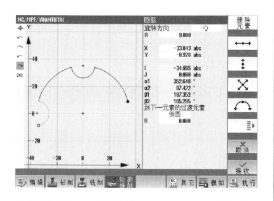

5）顺时针沿 *R*9mm 圆弧到 *X*-33.843、*Y*-8.926 位置

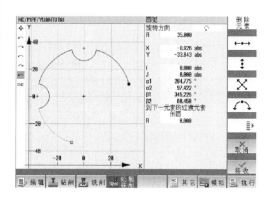

6）逆时针沿 *R*35mm 圆弧到 *X*-8.926、*Y*-33.843 位置

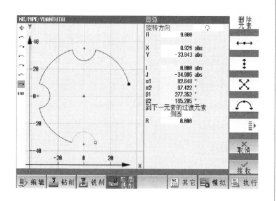

7）逆时针沿 *R*9mm 圆弧到 *X*8.926、*Y*-33.843 位置

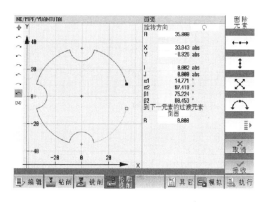

8）逆时针沿 *R*35mm 圆弧到 *X*33.843、*Y*-8.926 位置

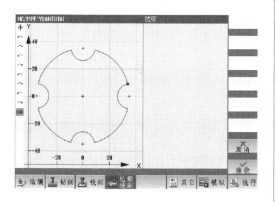

9）*R*9mm 圆弧顺时针到 *X*33.843、*Y*8.926 位置

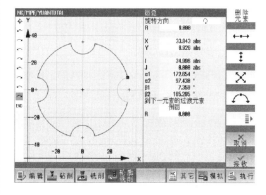

10）轮廓终点设置

　　确认以上参数设置无误后，按轮廓绘图进程树下方的"END"图标，再按【接收】软键，轮廓"YUANHU"将插入工作计划中。

　　同时，轮廓"YUANHU"的程序编辑链打开。在程序编辑链中插入外轮廓粗、精加工工作计划，进行程序编辑链扩展（扩展的每一步都将为程序链中的一个链环），形成一个完整的程序链。

4.3 参考程序编制

（1）基本指令编写的 ϕ90mm 外圆程序　按照设定的加工工步，使用手工编程指令完成圆形凸台工件的加工编程，见表 4-9。

表 4-9　ϕ90mm 外圆加工程序

; WAIYUAN.MPF		程序名：ϕ90mm 外圆加工程序 WAIYUAN
; 2019-10-21 LiJIANHUA ;		程序编写日期与编程者
N10	G90 G54 G00 Z100	G54 绝对方式快速定位到 Z 向 100mm 的位置
N20	T1M6 D01	调用 1 号刀
N30	X0 Y0	快速移动到起刀点 X0、Y0 位置
N40	M03 S1000 M08	主轴正转 2000r/min，切削液开
N50	G42 G0 X47 Y0	快速移动至起始点，建立刀补
N60	Z5	快速移动到距工件上表面 5mm 的位置
N70	G01 Z-5 F200	以 200mm/min 进给率切入工件 5mm 深
N80	G91 X45	增量值编程，切削加工，X 正向移动 45mm
N90	G03 X45 I40 J0	加工 ϕ90mm 外圆
N100	G90 G00 Z100 M09	快速移动到距工件上表面 100mm 处，切削液关
N110	M05	主轴停止
N120	M30	程序结束

（2）用多边形凸台铣削循环指令（CYCLE77）编写圆形凸台铣大圆程序（见表 4-10）

表 4-10　圆形凸台铣大圆程序

; YUANTUTAI.MPF		程序名：圆凸台加工程序 YUANTUTAI
; 2019-10-21 LIJIANHUA		程序编写日期与编程者
N10	G54 G90 G17 G40	系统工艺状态设置
N20	WORKPIECE(, "",, "BOX",48,0,–50,–80,–47,–47,47,47)	毛坯设置
N30	T= "CUTTER 32" M6	调用 1 号刀（CUTTER 32）
N40	M3 S1000	主轴正转，转速为 1000r/min
N50	CYCLE77(10,0,1,,10,90,0,0,5,0,0,1000,200,0,1,94,1,2,100,1,101)	调用铣削循环指令，铣圆形凸台
N60	T= "DRILL 10" M6	调用倒角刀
N70	M3 S1000	主轴正转，转速为 3000r/min
N80	CYCLE77(10,–5,1,,10,90,0,0,5,0,0,1000,200,0,5,94,1.5,1.5,100,1,101)	调用铣削循环指令，铣圆形凸台倒角
N90	M30	加工停止

（3）用轮廓调用指令（CYCLE62）编写圆弧凸台铣大圆程序　本程序利用"图形轮廓编辑器"绘制大圆和圆弧凸台图形，生成 DAYUAN 和 YUANHU 程序代码，然后用轮廓调用方式编写圆弧凸台工件铣削加工程序（YUANTUTAI.MPF），参考程序见表 4-11。

表 4-11 圆弧凸台工件铣削加工程序

	; YUANTUTAI.MPF	程序名：圆凸台加工程序 YUANTUTAI
	; 2019-10-21 LIJIANHUA	程序编写日期与编程者
N10	G54 G90 G17 G40	系统工艺状态设置
N20	WORKPIECE(, "",, "BOX",48,0,–50,–80,–47,–47,47,47)	毛坯设置
N30	T= "CUTTER 32" M6	调用 1 号刀（CUTTER 32）
N40	M3 S1000	主轴正转，转速为 1000r/min
N50	CYCLE77(10,0,1,,10,90,0,0.5,0,0,1000,200,0,1,94,1,2,100,1,101)	调用铣削循环指令，铣圆弧凸台
N60	T= "CUTTER 16" M6	调用 2 号刀（CUTTER 16）
N70	M3 S1000	主轴正转，转速为 1000r/min
N80	CYCLE62("DAYUAN" ,1,,)	调用大圆轮廓
N90	CYCLE62("YUANHU" ,1,,)	调用圆弧轮廓
N100	CYCLE63("1" ,1,100,0,1,5,1000,,80,5,0,0,,,,,1,2,,,0,201,111)	铣削圆弧凸台
N110	POCKET4(100,0,1,9,40,0,0,2,0,0,1000,0.1,0,21,80,9,15,2,2,0,1,2,10100,111,111)	铣削中心圆腔
N120	T= "DRILL 10" M6; T= "CUTTER_12" M6	调用倒角刀
N130	M3 S3000	主轴正转，转速为 3000r/min
N140	POCKET4(100,0,1,9,40,0,0,2,0,0,1000,0.1,0,25,80,9,15,2,2,0,1.5,1.5,10100,111,111)	圆形腔倒角
N150	M30	程序结束
N160	E_LAB_A_DAYUAN : ;#SM Z:2 ; #7__DlgK contour definition begin - Don't change!;*GP*;*RO*;*HD* G17 G90 DIAMOF;*GP* G0 X45 Y0 ;*GP* G3 I=AC(0) J=AC(0) ;*GP* ; CON,0,0.0000,2,2,MST:0,0,AX:X,Y,I,J,TRANS:1;*GP*;*RO*;*HD* ; S,EX:45,EY:0;*GP*;*RO*;*HD* ; ACCW,EX:45,EY:0,CX:0,RAD:45;*GP*;*RO*;*HD* ; #End contour definition end - Don't change!;*GP*;*RO*;*HD* E_LAB_E_DAYUAN:	大圆轮廓
N170	E_LAB_A_YUANHU : ;#SM Z:4 ; #7__DlgK contour definition begin - Don't change!;*GP*;*RO*;*HD* G17 G90 DIAMOF;*GP* G0 X33.843 Y8.926 ;*GP* G3 X8.926 Y33.843 I=AC(0) J=AC(0) ;*GP* G2 X-8.926 I=AC(0) J=AC(34.995) ;*GP* G3 X-33.843 Y8.926 I=AC(-0) J=AC(0) ;*GP* G2 Y-8.926 I=AC(-34.995) J=AC(0) ;*GP* G3 X-8.926 Y-33.843 I=AC(-0) J=AC(-0) ;*GP* G2 X8.926 I=AC(0) J=AC(-34.995) ;*GP* G3 X33.843 Y-8.926 I=AC(.002) J=AC(0) ;*GP* G2 X33.843 Y8.926 I=AC(34.996) J=AC(0) ;*GP* ; CON,0,0.0000,9,9,MST:0,0,AX:X,Y,I,J,TRANS:1;*GP*;*RO*;*HD* ; S,EX:33.843,EY:8.926;*GP*;*RO*;*HD* ; ACCW,DIA:0/35,EX:8.926,EY:33.843,RAD:35;*GP*;*RO*;*HD* ; ACW,DIA:0/235,EX:-8.926,EY:33.843,RAD:9;*GP*;*RO*;*HD* ; ACCW,DIA:0/235,EX:-33.843,EY:8.926,RAD:35;*GP*;*RO*;*HD* ; ACW,DIA:0/35,EX:-33.843,EY:-8.926,RAD:9;*GP*;*RO*;*HD* ; ACCW,DIA:0/35,EX:-8.926,EY:-33.843,RAD:35;*GP*;*RO*;*HD* ; ACW,DIA:0/35,EX:8.926,EY:-33.843,RAD:9;*GP*;*RO*;*HD* ; ACCW,DIA:0/235,EX:33.843,EY:-8.926,RAD:35;*GP*;*RO*;*HD* ; ACW,DIA:0/35,EX:33.843,EY:8.926,RAD:9;*GP*;*RO*;*HD* ; #End contour definition end - Don't change!;*GP*;*RO*;*HD* E_LAB_E_YUANHU:	圆弧轮廓

第5章
CHAPTER 5

▶ 数控铣削编程与操作（综合）

知识目标：

> ➤ 了解铣削矩形腔指令（POCKET3）简介及编程
> ➤ 了解纵向槽铣削循环指令（SLOT1）简介及编程
> ➤ 了解圆弧槽铣削循环指令（SLOT2）简介及编程
> ➤ 了解凹腔工件的铣削加工工艺分析
> ➤ 了解凹腔工件的铣削加工程序参考

技能目标：

> ➤ 掌握铣削矩形腔指令（POCKET3）简介及编程
> ➤ 掌握纵向槽铣削循环指令（SLOT1）简介及编程
> ➤ 掌握圆弧槽铣削循环指令（SLOT2）简介及编程
> ➤ 掌握凹腔工件的铣削加工工艺分析
> ➤ 掌握凹腔工件的铣削加工程序参考

　　铣削循环指令是实际生产中对典型图形加工编程非常实用的一种工艺策略。灵活使用这些循环指令，可以加快编程速度，大大减少编程中的辅助工作。由于这些循环指令集合了前人的经验，经过反复验证，具有很高的可靠性和安全性。

　　从表面上看铣削循环指令中的参数很多，但很多参数定义、使用方法是一样的，反映在刀具轨迹运行上的很多规律也是一样的，这就为学习和掌握铣削循环指令创造了条件。

5.1 凹腔工件的铣削加工程序编制

　　本书以图 5-1 所示凹腔工件为例，讲解数控铣削加工循环指令的编程与操作。

工件的工艺分析：

1）从零件图上看，该工件是在长方体（150mm×100mm×20mm）工件上部加工圆形凹腔、矩形凹腔、纵向槽和圆弧槽。

2）主要加工的面有 R29mm 圆形凹腔，深度为 10mm；40mm×80mm 矩形凹腔，深度为 5mm；宽度为 8mm、深度为 5mm 的 R52mm 圆弧槽；宽度为 8mm、深度为 5mm、长度为 50mm 的纵向槽。

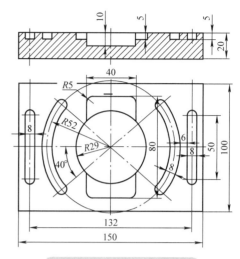

图 5-1　凹腔工件加工图样

5.1.1　铣削加工工艺编制

外轮廓面是由直线、圆弧组成的二维轮廓表面，尺寸精度较高，形状也较为简单。编写程序前需要进行轮廓基点的计算，基点可通过手工计算或计算机绘图软件得到。选择刀具时，应尽量选择较大直径的铣刀。编写程序时，需考虑铣刀进刀与退刀的位置，尽量选在轮廓的基点外延处或沿着轮廓的切向进行。加入刀具半径补偿可以使轮廓编程按实际尺寸编制，而且使轮廓的尺寸控制变得更简单。通过更改刀具的半径尺寸来实现轮廓的粗加工和精加工，最终实现轮廓外形的表面质量和尺寸控制。

（1）凹腔工件加工工艺过程

1）毛坯准备。工件的材料为硬铝 2A12，尺寸（长 × 宽 × 高）为 150mm×100mm×20mm 的方形毛坯，上表面未加工。

2）确定工艺方案及加工路线。

① 选择编程零点。确定 150mm×100mm（长 × 宽）的对称中心及上表面（O 点）为编程零点，并通过对刀设定零点偏置 G54。

② 确定装夹方法。根据图样的图形结构，选用机用虎钳装夹工件。

③ 切削用量及加工路线的确定。

a. 选用 ϕ63mm 面铣刀，并确定切削用量。

b. 根据图样要求，计算编程尺寸。

c. 编制程序。

d. 制订工步表（见表 5-1）。

表 5-1　凹腔工件数控加工工艺过程

序号	工步名称	工步简图	说明
1	铣削上平面并建立坐标系	150　100　20	坐标系零点 G54 为编程坐标系编程零点

（续）

序号	工步名称	工步简图	说明
2	加工 R29 圆形腔	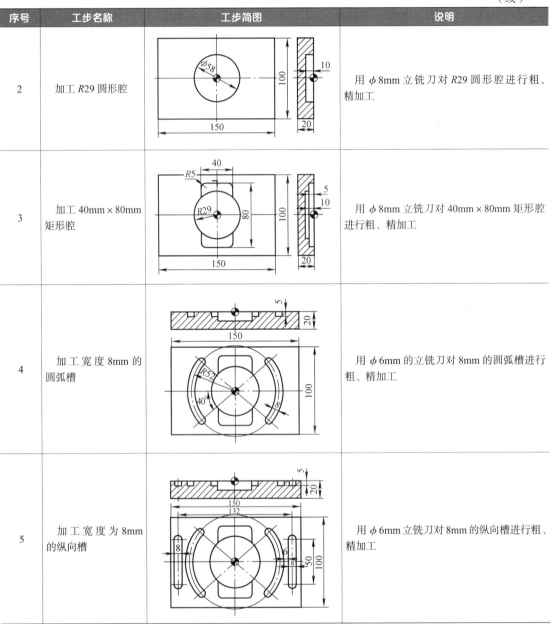	用 ϕ8mm 立铣刀对 R29 圆形腔进行粗、精加工
3	加工 40mm × 80mm 矩形腔		用 ϕ8mm 立铣刀对 40mm × 80mm 矩形腔进行粗、精加工
4	加工宽度 8mm 的圆弧槽		用 ϕ6mm 的立铣刀对 8mm 的圆弧槽进行粗、精加工
5	加工宽度为 8mm 的纵向槽		用 ϕ6mm 立铣刀对 8mm 的纵向槽进行粗、精加工

（2）刀具选择 零件的加工材料为硬铝（2A12），因此选择对应的铝材料切削加工刀具。选择刀具时，刀具半径不得大于轮廓上凹圆弧的最小曲率半径 $R_{\min}$，一般取 $R = (0.8\sim0.9)R_{\min}$。因此选用 ϕ8mm 立铣刀进行圆形腔和矩形腔加工，选择 ϕ6mm 立铣刀进行圆弧槽和纵向槽加工。凹腔加工前对凹腔进行下刀孔加工，选择与立铣刀相对应直径大小的直柄麻花钻进行加工。切削参数见表 5-2。

（3）夹具与量具选择

1）夹具。根据图样的图形结构，选用机用虎钳装夹工件，并进行找正。

2）量具。量具选择见表 5-3。

表 5-2　加工刀具及参考切削参数

刀具编号	刀具名称	切削参数			刀具补偿号	
		背吃刀量 /mm	进给率 /(mm/min)	主轴转速 /(r/min)	长度	半径
T01	ϕ 8mm 立铣刀	4	800	3000	H01	D01
T02	ϕ 6mm 立铣刀	3	800	3000	H02	D02

表 5-3　加工测量量具

序号	量具名称	量程	测量位置	备注
1	百分表	10mm	虎钳装夹、工件找正	
2	游标卡尺	0~150mm	测量 8mm 槽宽及外形尺寸	精度 0.02mm
3	游标深度卡尺	0~150mm	测量 5mm、10mm 的深度	精度 0.02mm
4	内径千分尺	25~50mm	测量 40mm×80mm 矩形腔尺寸	精度 0.01mm
5	内径千分尺	50~75mm	测量 ϕ58mm 圆形腔尺寸	精度 0.01mm

（4）毛坯设置　工件的材料为硬铝 2A12，尺寸（长 × 宽 × 高）为 150mm×100mm×20mm 的方形毛坯。

（5）编程零点设置　确定长、宽、高为 150mm×100mm×20mm 的工件的对称中心及上表面（O 点）为编程零点，并通过对刀设定零点偏置 G54。

5.1.2　铣削矩形腔指令（POCKET3）简介及编程

1. 铣削矩形腔指令（POCKET3）概述

（1）指令功能　矩形腔铣削属于型腔铣削的一种，一般用于封闭或半开放的凹型腔体的粗加工、精加工、侧壁精加工和倒角加工。矩形腔可以在工件表面上正交放置，也可以斜向放置；可以是完整实体加工形式，也可以是再加工形式（已经预留有一个凹腔）。

如果铣刀端刃没有切过中心，则首先在工件实体中心预钻孔腔（依次编写钻孔、矩形腔和位置程序段）。也可以根据选择的刀具配合预钻孔方式进行切削，或选择预钻孔、垂直、螺旋线和往复方式的进刀策略切入工件，其加工方式始终为从内向外切削。

进刀方式如下：

① 粗加工加工方式，依次从中心开始加工矩形腔的各个平面，直至达到最终深度 Z1。

② 精加工加工方式，总是以四分之一圆逼近和拐角半径相接的矩形腔，首先加工边沿。最后一次进给时，从中心向外对底部进行精加工。

③ 边沿精加工加工方式，采取与精加工相同的方法，唯一不同的是省略最后一次进刀（底部精加工）。

④ 倒角加工方式，在矩形腔的边沿处进行切削加工，形成一个 45° 的棱边。

按工件图样给定的矩形腔尺寸，可以为矩形腔选择一个相应的坐标参考点。

（2）编程操作界面　铣削矩形腔指令（POCKET3）尺寸标注图样及参数对话框如图 5-2 和图 5-3 所示，编程操作界面说明见表 5-4。

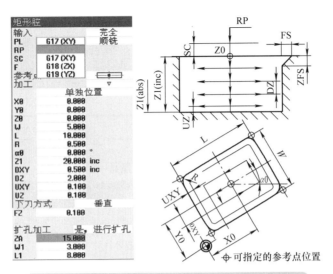

图 5-2　铣削矩形腔指令尺寸标注图样及参数对话框

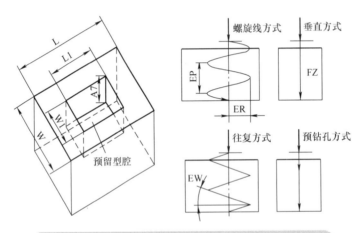

图 5-3　铣削矩形腔指令预留型腔尺寸及下刀方式尺寸

表 5-4　铣削矩形腔指令（POCKET3）"完全"输入模式下编程操作界面说明

序号	界面参数	编程操作	说明
1	PL ◯	选择 G17（G18、G19） 选择顺铣 / 逆铣	选择加工平面 选择铣削方向
2	RP	输入返回平面	铣削完成后的刀具轴的定位高度（abs）
3	SC	输入安全距离	相对于工件参考平面的间距，无符号
4	F	输入进给率	单位：mm/min
5	参考点 ◯	选择 ▭ 选择 ▭ 选择 ▭ 选择 ▭ 选择 ▭	为矩形腔选择一个相应的参考点位置

（续）

序号	界面参数	编程操作	说明
6	加工 ○	选择粗加工 ▽	平面方式或螺线方式
		选择精加工 ▽▽▽	平面方式或螺线方式
		选择边沿精加工 ▽▽▽	平面方式或螺线方式
		选择倒角	
7	加工位置 ○	选择单独位置	在编程位置（X0，Y0，Z0）铣削矩形腔
		选择位置模式（MCALL）	带 MCALL 的位置
8	X0	输入参考点 X 坐标	必须选择单独模式，位置取决于参考点
9	Y0	输入参考点 Y 坐标	必须选择单独模式，位置取决于参考点
10	Z0	输入参考点 Z 坐标	位置取决于参考点（abs）
11	W	输入腔宽度	
12	L	输入腔长度	
13	R	输入转角半径	型腔拐角的半径
14	α0	输入旋转角度	水平轴和第一坐标轴的夹角
15	FS	输入倒角时的斜边宽度（inc）	必须选择倒角加工
16	ZFS ○	输入刀尖插入深度（abs/inc）	必须选择倒角加工
17	Z1 ○	输入腔深（abs/inc）	必须选择粗加工、精加工或边沿精加工
18	DXY ○	选择最大平面进给量（inc）	必须选择粗加工或精加工
		选择最大平面进给量（%）	必须选择粗加工或精加工，是铣刀直径的百分比
19	DZ	输入最大切深	必须选择粗加工、精加工或边沿精加工
20	UXY	输入平面精加工余量	必须选择粗加工、精加工或边沿精加工
21	UZ	输入精加工余量深度	必须选择粗加工或精加工
22	切入 ○	选择垂直	必须选择粗加工、精加工或边沿精加工
		选择预钻削	
		选择螺线	
		选择往复	
23	FZ	输入深度进给率	必须选择垂直切入
24	EP	输入螺线的最大螺距	必须选择螺线切入方式
25	ER	输入螺线半径	
26	EW	输入最大插入角	必须选择往复切入方式
27	扩孔加工 ○	选择完整加工	矩形腔由整块材料铣削而成
		选择再加工	已存在一个较小的矩形腔或者一个钻孔
28	AZ	输入预加工深度（inc）	必须选择扩孔加工为再加工
29	W1	输入预加工宽度（inc）	必须选择扩孔加工为再加工
30	L1	输入预加工长度（inc）	必须选择扩孔加工为再加工

表内参数 SC、FS 和 ZFS 输入数值不当时，在内轮廓倒角加工中可能会输出以下故障信息：

① 当理论上输入的参数 FS 和 ZFS 对于倒角加工可行，但不能保持安全距离时，会输出"安全距离过大"报警信息。

② 当下刀深度对于倒角加工来说过大时，输出"下刀深度过大"报警信息。

③ 当下刀时刀具可能会损坏边沿时，输出"刀具直径过大"报警信息，这时必须缩小 F 值。

> **注意**：如果输入矩形腔参数后得到的是一个纵向槽或长孔形状，而不是典型的矩形腔形式时，循环内部则会自动从POCKET3中调用对应的槽加工循环（SLOT1）或长孔加工循环（LONGHOLE），进行一个预铣（钻）削加工。在这种情况下，下刀点可能会偏离腔中心。在需要预铣（钻）削加工时注意这种特殊情形。

2. 应用POCKET3指令编程

铣削矩形腔指令（POCKET3）编写过程是在数控系统的屏幕上采用人机对话方式完成的，进入程序编辑界面后可以按照以下步骤实施：

1）编写加工程序的信息及工艺准备内容程序段。

2）依据表5-1凹腔工件数控加工工艺过程中的"工步3"，编制矩形腔铣削加工程序。

按系统屏幕下方水平软键中的 铣削 进入铣削要素选择界面，在界面右侧按 型腔 软键，会弹出切削参数设置界面。在界面右侧按【矩形腔】图标软键，在矩形腔界面的参数对话框内设置矩形腔工件切削循环参数，如图5-4所示。

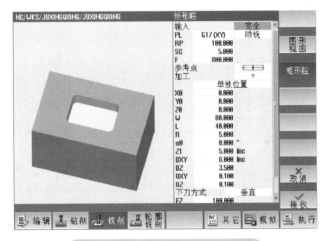

图5-4 矩形腔切削循环参数设置

① "PL"选择加工平面选择"G17（XY）""顺铣"。

② "RP"返回平面输入"100"，"SC"安全距离输入"5"。

③ "F"进给率输入"800"，"FZ"深度进给率输入"100"。

④ "参考点"选择" "，"加工"选择"▽"（粗加工）。

⑤ "位置"选取"单独位置"加工位置。

⑥ "X0" X轴循环起始点输入"0"，"Y0" Y轴循环起始点输入"0"，"Z0" Z轴循环起始点输入"0"。

⑦ "W"腔宽尺寸输入"80"，"L"腔长尺寸输入"40"，"R"转角半径尺寸输入"5"。

⑧ "Z1"加工深度输入"5"，"DXY"最大切宽输入"6"，"DZ"最大切深（背吃刀量）输入"3.5"。

⑨ "UXY" XY轴单边留量输入"0.1"，"UZ" Z轴单边留量输入"0.1"。

核对所输入的参数无误后，按右侧下方的【接收】软键。

5.1.3　纵向槽铣削循环指令（SLOT1）简介及编程

1. 纵向槽铣削循环指令（SLOT1）概述

（1）指令功能　使用纵向槽铣削循环指令（SLOT1）可以对一个或多个相同大小的纵向槽进行粗加工、精加工、侧壁精加工和倒角加工。按照工件图样纵向槽的标注尺寸可以为纵向槽确定一个相应的参考点。根据选择的刀具可以配合预钻孔方式进行切削，或选择预钻孔、垂直、螺旋线和往复方式等进刀策略切入工件，其加工方式始终为从内向外切削。

（2）编程操作界面　纵向槽铣削循环指令（SLOT1）尺寸标注图样及参数对话框如图 5-5 所示，编程操作界面说明见表 5-5。

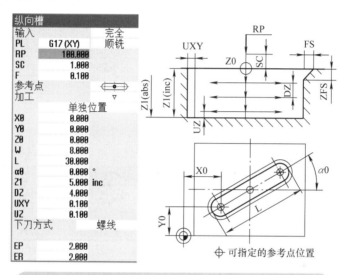

图 5-5　纵向槽铣削循环指令尺寸标注图样及参数对话框

表 5-5　纵向槽铣削循环指令（SLOT1）"完全"输入模式下编程操作界面说明

序号	界面参数	编程操作	说明
1	输入	选择完全 / 简单模式	
2	PL ⟳	选择 G17（G18、G19） 选择顺铣 / 逆铣	选择加工平面 选择铣削方向
3	RP	输入返回平面	铣削完成后的刀具轴的定位高度（abs）
4	SC	输入安全距离	相对于工件参考平面的间距，无符号
5	F	输入进给率	单位：mm/min
6	参考点 ⟳	选择 ⬭ 选择 ⬭ 选择 ⬭ 选择 ⬭ 选择 ⬭	为纵向槽选择一个相应的选择参考点位置
7	加工 ⟳	选择粗加工 ▽ 选择精加工 ▽▽▽ 选择倒角 选择边沿精加工 ▽▽▽	加工性质选择

（续）

序号	界面参数	编程操作	说明
8	加工位置 ○	选择单独位置	在编程位置（X0, Y0, Z0）上铣出一个槽
		选择位置模式（MCALL）	在编程的位置模式（如直线）上铣出多个槽
9	X0	输入参考点 X 坐标	必须选择单独模式，位置取决于参考点
10	Y0	输入参考点 Y 坐标	必须选择单独模式，位置取决于参考点
11	Z0	输入参考点 Z 坐标	位置取决于参考点（abs）
12	W	输入槽宽度	
13	L	输入槽长度	
14	α0	输入旋转角度	边中点和第一轴（X 轴）所成旋转角
15	Z1 ○	输入槽深（abs/inc）	必须选择粗加工、精加工或边沿精加工
16	DZ	输入最大切深	必须选择粗加工、精加工或边沿精加工
17	UXY	输入平面精加工余量	必须选择粗加工或精加工
18	UZ	输入精加工余量深度	必须选择粗加工、精加工或边沿精加工
19	切入 ○	选择垂直	选择插入方式
		选择螺线	
		选择往复	
		选择预钻削	
20	FZ	输入深度进给率	必须选择垂直切入
21	EP	输入螺线的最大螺距	必须选择螺线切入
22	ER	输入螺线半径	必须选择螺线切入
23	EW	输入最大插入角	必须选择往复切入

2. 应用 SLOT1 指令编程

纵向槽铣削循环指令（SLOT1）编写过程是在数控系统的屏幕上采用人机对话方式完成的，进入程序编辑界面后可以按照以下步骤实施：

1）编写加工程序的信息及工艺准备内容程序段。

2）依据表 5-1 凹腔工件数控加工工艺过程中的"工步 5"，编制纵向槽铣削加工程序。

按系统屏幕下方水平软键中的 铣削 进入铣削要素选择界面，在界面右侧按 槽 软键，会弹出切削参数设置界面。在界面右侧按"纵向槽"图标软键，在纵向槽界面的参数对话框内设置纵向槽工件切削循环参数，如图 5-6 所示。

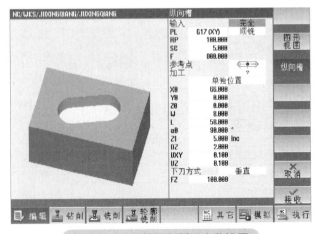

图 5-6　纵向槽切削循环参数设置

①"PL"选择加工平面选择"G17（XY）""顺铣"。

②"RP"返回平面输入"100"，"SC"安全距离输入"5"。

③"F"进给率输入"800"，"FZ"深度进给率输入"100"。

④"参考点"选择"  "，"加工"选择"▽"（粗加工）。

⑤"位置"选取"单独位置"加工位置。

⑥"X0" X轴循环起始点输入"66"，"Y0" Y轴循环起始点输入"0"，"Z0" Z轴循环起始点输入"0"。

⑦"W"槽宽输入"8"，"L"槽长输入"58"，"α0"起始角输入"90"。

⑧"Z1"加工深度输入"5"，"DZ"最大切深（背吃刀量）输入"2"。

⑨"UXY" XY轴单边留量输入"0.1"。

核对所输入的参数无误后，按右侧下方的"接收"软键。

5.1.4　圆弧槽铣削循环指令（SLOT2）简介及编程

1.圆弧槽铣削循环指令（SLOT2）概述

（1）指令功能　使用圆弧槽铣削循环指令（SLOT2）可以在整圆或节圆上对一个或多个相同大小的圆弧槽进行粗加工、精加工、侧壁精加工和倒角加工，还可以加工出一个环形槽。按照工件图样圆弧槽的标注尺寸可以为圆弧槽确定一个相应的参考点。

可以选择顺铣，也可以选择逆铣。铣削圆弧槽粗加工时，依次从槽末端半圆的中心开始加工槽的各个平面，直到达到深度Z1。精加工时，总是首先加工边沿直至达到深度Z1，在与半径衔接的四分之一圆内逼近槽边沿，最后一次进给从槽末端的半圆中心点开始加工底部。

（2）编程操作界面　圆弧槽铣削循环指令（SLOT2）尺寸标注图样及参数对话框如图5-7所示，编程操作界面说明见表5-6。

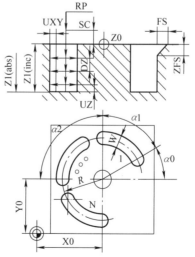

图5-7　圆弧槽铣削循环指令尺寸标注图样及参数对话框

表 5-6　圆弧槽铣削循环指令（SLOT2）"完全"输入模式下编程操作界面说明

序号	界面参数	编程操作	说明
1	输入	选择完全/简单模式	
2	PL ○	选择 G17（G18、G19） 选择顺铣/逆铣	选择加工平面 选择铣削方向
3	RP	输入返回平面	铣削完成后的刀具轴的定位高度（abs）
4	SC	输入安全距离	相对于工件参考平面的间距，无符号
5	F	输入进给率	单位：mm/min
6	加工 ○	选择粗加工 ▽ 选择精加工 ▽▽▽ 选择倒角 选择边沿精加工 ▽▽▽	加工性质选择
7	FZ	输入深度进给率	必须选择粗加工或精加工
8	圆模式 ○	选择全圆 选择分度圆	圆弧槽的间距总是相等 圆弧槽的间距可通过角度 α_2 来确定
9	X0	输入参考点 X 坐标	必须选择单独模式，位置取决于圆心
10	Y0	输入参考点 Y 坐标	必须选择单独模式，位置取决于圆心
11	Z0	输入参考点 Z 坐标	位置取决于参考点（abs）
12	N	输入槽数量	
13	R	输入圆弧槽半径	
14	$\alpha 0$	输入起始角	
15	$\alpha 1$	输入槽张角	
16	$\alpha 2$	输入分度角	必须选择分度圆
17	W	输入槽宽度	
18	FS	输入倒角时的斜边宽度	必须选择倒角加工
19	ZFS ○	输入刀尖插入深度（abs/inc）	必须选择倒角加工
20	Z1 □	输入槽深，选择 abs/inc	不能选择倒角加工
21	DZ	输入最大切深	必须选择粗加工或精加工
22	UXY	输入平面精加工余量	必须选择粗加工、精加工或边沿精加工
23	定位 ○	选择直线 选择圆弧	选择槽之间的运动位置

表内参数说明：

1）如果想生成一个环形槽，槽数量 N=1，槽张角 $\alpha 1= 360°$。

2）输入圆弧槽宽参数（W）时应注意与选择的圆弧槽半径（R）之间的限制关系。

3）输入圆弧槽宽参数（W）时应注意与选择的刀具直径的限制关系：

① 粗加工：1/2 槽宽（W）–精加工余量（UXY）≤铣刀直径（Φ）。

② 精加工：1/2 槽宽（W）≤铣刀直径（Φ）。

③ 边沿精加工：精加工余量（UXY）≤铣刀直径（Φ）。

2. 应用SLOT2指令编程

圆弧槽铣削循环指令（SLOT2）编写过程是在数控系统的屏幕上采用人机对话方式完成的，进入程序编辑界面后可以按照以下步骤实施：

1）编写加工程序的信息及工艺准备内容程序段。

2）依据表 5-1 凹腔工件数控加工工艺过程中的"工步 4"，编制圆弧槽铣削加工程序。

按系统屏幕下方水平软键中的 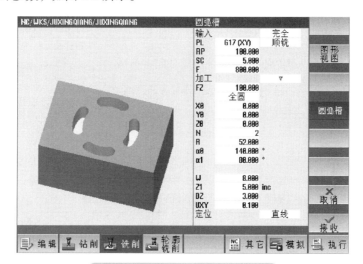 铣削进入铣削要素选择界面，在界面右侧按 槽▶ 软键，会弹出切削参数设置界面。在界面右侧按"圆弧槽"图标软键，在圆弧槽界面的参数对话框内设置圆弧槽工件切削循环参数，如图 5-8 所示。

图 5-8 圆弧槽切削循环参数设置

① "PL"选择加工平面选择"G17（XY）""顺铣"。

② "RP"返回平面输入"100"，"SC"安全距离输入"5"。

③ "F"进给率输入"800"，"FZ"深度进给率输入"100"。

④ "加工"选择"▽"（粗加工）。

⑤ "圆弧样式"选取"全圆"加工位置。

⑥ "X0" X 轴循环起始点输入"0"，"Y0" Y 轴循环起始点输入"0"，"Z0" Z 轴循环起始点输入"0"。

⑦ "N"槽数量输入"2"，"R"圆弧槽半径输入"52"。

⑧ "Z1"加工深度输入"5"，"W"槽宽输入"8"，"DZ"最大切深（背吃刀量）输入"3"。

⑨ "UXY" XY 轴单边留量输入"0.1"。

⑩ "α0"起始角输入"140"，"α1"槽的张角输入"80"。

核对所输入的参数无误后，按右侧下方的【接收】软键。

5.1.5 凹腔工件的铣削加工程序

1）用圆形腔铣削工艺循环指令（POCKET4）编写的 R29mm 圆形腔铣削程序（见表 5-7）。

2）用铣削矩形腔指令（POCKET3）编写的 40mm×80mm 矩形腔铣削程序（见表 5-8）。

3）用圆弧槽铣削循环指令（SLOT2）编写的圆弧槽铣削程序（见表 5-9）。

4）用纵向槽铣削循环指令（SLOT1）编写的纵向槽铣削程序（见表 5-10）。

5）凹腔铣削程序（见表 5-11）。

表 5-7　*R*29mm 圆形腔铣削程序

;R29yuanxingqiang.MPF		程序名：圆形腔加工程序 R29 yuanxing-qiang
;2019-10-24 jiweijun		程序编写日期与编程者
N10	G54 G90 G17 G40 G0 Z100	系统工艺状态设置
N20	WORKPIECE（，""，，"BOX"，0,0,−20,−80,−75,−50,150,100）	毛坯设置
N30	M6 T= "3"	调用 3 号刀（ϕ8mm 立铣刀），1 号刀沿
N50	M3 M08 S3000	主轴正转，转速为 3000r/min
N90	G0 X0 Y0 Z2	快速移动至起始点
N100	POCKET4（100,0,5,10,58,0,0,3.5,0.1,0.1,800,100,0,11,6,9,15,0,2,0,1,2,10100,111,101）	*R*29mm 圆形腔粗加工
N110	POCKET4（100,0,5,10,58,0,0,3.5,0.01,0.01,800,100,0,12,6,9,15,0,2,0,1,2,10100,111,101）	*R*29mm 圆形腔精加工
N120	G00 Z100	快速移动到距工件上表面 100mm 处
N130	X0 Y0 M09	快速移动到 X0、Y0 点，切削液关
N140	M05	主轴停止
N150	M30	程序结束

表 5-8　40mm×80mm 矩形腔铣削程序

;juxingqiang.MPF		程序名：矩形腔加工程序 juxingqiang
;2019-10-24 jiweijun		程序编写日期与编程者
N10	G54 G90 G17 G40 G0 Z100	系统工艺状态设置
N20	WORKPIECE（，""，，"BOX"，0,0,−20,−80,−75,−50,150,100）	毛坯设置
N30	M6 T= "3"	调用 3 号刀（ϕ8mm 立铣刀），1 号刀沿
N50	M3 M08 S3000	主轴正转，转速为 3000r/min
N90	G0 X0 Y0 Z2	快速移动至起始点
N100	POCKET3（100,0,5,5,40,80,5,0,0,0,3.5,0.1,0.1,800,100,0,11,6,8,3,15,0,2,0,1,2,11100,11,101）	40mm × 80mm 矩形腔粗加工
N110	POCKET3（100,0,5,5,40,80,5,0,0,0,3.5,0.1,0.1,800,100,0,11,6,8,3,15,0,2,0,1,2,11100,11,101）	40mm × 80mm 矩形腔精加工
N120	G00 Z100	快速移动到距工件上表面 100mm 处
N130	X0 Y0 M09	快速移动到 X0、Y0 点，切削液关
N140	M05	主轴停止
N150	M30	程序结束

表 5-9　圆弧槽铣削程序

;yuanhucao.MPF		程序名：圆弧槽加工程序 yuanhucao
;2019-10-24 jiweijun		程序编写日期与编程者
N10	G54 G90 G17 G40 G0 Z100	系统工艺状态设置
N20	WORKPIECE（，""，，"BOX"，0,0,−20,−80,−75,−50,150,100）	毛坯设置
N30	M6 T= "CUTTER 6"	调用 4 号刀（ϕ6mm 立铣刀）
N50	M3 M08 S3000	主轴正转，转速为 3000r/min
N90	G0 X0 Y0 Z5	快速移动至起始点
N100	SLOT2（100,0,5,,5,2,80,8,0,0,52,140,90,100,800,3,0,0.1,1001,0,0,0,,0,1,2,100,1001,101）	圆弧槽粗加工
N110	SLOT2（100,0,5,,5,2,80,8,0,0,52,140,90,100,800,3,0,0.1,1001,0,0,0,,0,1,2,100,1001,101）	圆弧槽精加工
N120	G00 Z100	快速移动到距工件上表面 100mm 处
N130	X0 Y0 M09	快速移动到 X0、Y0 点，切削液关
N140	M05	主轴停止
N150	M30	程序结束

表 5-10　纵向槽铣削程序

;zongxiangcao.MPF	程序名：纵向槽加工程序 zongxiangcao
;2019-10-24 jiweijun	程序编写日期与编程者
N10	G54 G90 G17 G40 G0 Z100	系统工艺状态设置
N20	WORKPIECE（，""，，" BOX"，0,0,−20,−80,−75,−50,150,100）	毛坯设置
N30	M6 T=" CUTTER 6"	调用 4 号刀（ϕ6mm 立铣刀），1 号刀沿
N50	M3 M08 S3000	主轴正转，转速为 3000r/min
N90	G0 X0 Y0 Z5	快速移动至起始点
N100	SLOT1（100,0,5,,5,1,58,8,66,0,5,90,0,100,800,2,0,0.1,11,0.1,15,15,0.1,0,2,0,1,2,100,1011,101）	右侧纵向槽粗加工
N110	SLOT1（100,0,5,,5,1,58,8,66,0,5,90,0,100,800,2,0,0.1,12,0.1,15,15,0.1,0,2,0,1,2,100,1011,101）	右侧纵向槽精加工
N120	SLOT1（100,0,5,,5,1,58,8,−66,0,5,90,0,100,800,2,0,0.1,11,0.1,15,15,0.1,0,2,0,1,2,100,1011,101）	左侧纵向槽粗加工
N130	SLOT1（100,0,5,,5,1,58,8,−66,0,5,90,0,100,800,2,0,0.1,12,0.1,15,15,0.1,0,2,0,1,2,100,1011,101）	左侧纵向槽精加工
N140	G00 Z100	快速移动到距工件上表面 100mm 处
N150	X0 Y0 M09	快速移动到 X0、Y0 点，切削液关
N160	M05	主轴停止
N170	M30	程序结束

表 5-11　凹腔铣削程序

; aoqiangjiagong.MPF	程序名：凹腔加工程序 aoqiangjiagong
; 2019-10-24 jiweijun	程序编写日期与编程者
N10	G90 G54 G0 Z100	G54 绝对方式快速定位到 Z 向 100mm 的位置
N20	M6 T1	调用 3 号刀（ϕ8mm 立铣刀）
N30	X0 Y0	快速移动至起刀点
N40	M03 S3000	主轴正转 3000 r/min，切削液开
N50	X0 Y0 Z10	快速移动到距工件上表面 10mm 的位置
N60	G01 Z5 F200	以 200mm/min 的进给率直线插补切入工件 5mm 深
N70	POCKET4（100,0,5,10,58,0,0,3.5,0.1,0.1,800,100,0,11,6,9,15,0,2,0,1,2,10100,111,101）	R29mm 圆形腔粗加工
N80	POCKET3（100,0,5,5,40,80,5,0,0,0,3.5,0.1,0.1,800,100,0,11,6,8,3,15,0,2,0,1,2,11100,11,101）	40mm×80mm 矩形腔粗加工
N90	G0 Z100	返回 Z100mm 高度位置上
N100	X100 Y100	X、Y 轴回换刀位置上
N110	M05	主轴停转
N120	M6 T4 D1	调用 4 号刀（ϕ6mm 立铣刀），1 号刀沿
N130	G0 X0 Y0 Z100	快速移动至起刀点
N140	M03 S3000	主轴正转 3000r/min，切削液开
N150	X0 Y0 Z10	快速移动到距工件上表面 10mm 的位置
N160	G01 Z5 F200	以 200mm/min 的进给率直线插补切入工件 5mm 深

（续）

N170	SLOT2（100,0,5,,5,2,80,8,0,0,52,140,90,100,800,3,0,0.1,1001,0,0,0,,0,1,2,100,1001,101）	圆弧槽粗加工
N180	SLOT1（100,0,5,,5,1,58,8,66,0,5,90,0,100,800,2,0,0.1,11,0.1,15,15,0.1,0,2,0,1,2,100,1011,101）	右侧纵向槽粗加工
N190	SLOT1（100,0,5,,5,1,58,8,-66,0,5,90,0,100,800,2,0,0.1,11,0.1,15,15,0.1,0,2,0,1,2,100,1011,101）	左侧纵向槽粗加工
N200	G00 Z100	快速移动到距工件上表面100mm处
N210	X0 Y0 M09	快速移动到X0、Y0点，切削液关
N220	M05	主轴停止
N230	M30	程序结束

5.2 异形轮廓工件的铣削加工程序编制

本节学习路径铣削循环指令（CYCLE72）的释义及加工程序的编制。以图5-9所示凸台工件为例，讲解数控铣削加工循环指令的编程与操作。

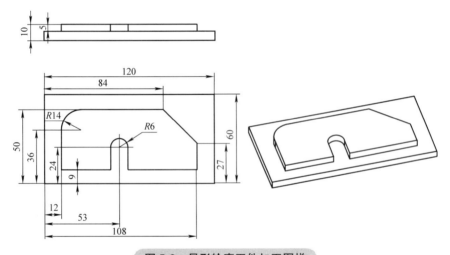

图5-9 异形轮廓工件加工图样

工件的工艺分析：从零件图上看，该工件是在长方体（120mm×60mm×10mm）工件上部加工异形轮廓凸台。凸台高5mm，带有R14mm圆角、23mm×24mm倒角及R6mm的一个槽。

5.2.1 铣削加工工艺编制

（1）异形轮廓工件加工工艺过程

1）毛坯准备。工件的材料为硬铝2A12，尺寸（长×宽×高）为120mm×60mm×10mm方形毛坯，未加工上表面。

2）确定工艺方案及加工路线。

①选择编程工点。确定120mm×60mm（长×宽）的对称中心及上表面（0点）为编程零点，并通过对刀设定零点偏置G54。

②确定装夹方法。根据图样的图形结构，选用机用虎钳装夹工件。

③切削用量及加工路线的确定。

a. 选用 ϕ63mm 面铣刀，并确定切削用量。

b. 根据图样要求，计算编程尺寸。

c. 编制程序。

d. 制订工步表（见表 5-12）。

表 5-12　异形轮廓工件数控加工工艺过程

序号	工步名称	工步简图	说明
1	铣削上平面并建立坐标系	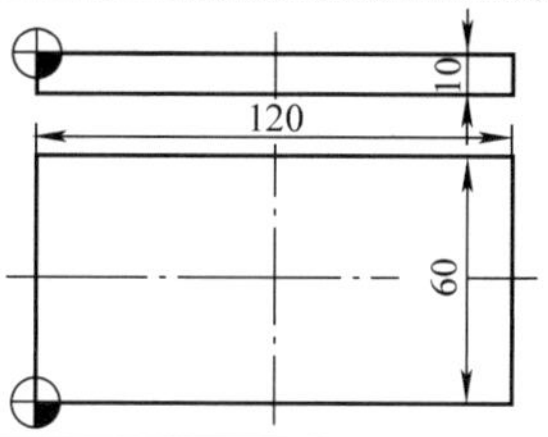	坐标系零点 G54 为编程坐标系编程零点
2	粗加工轮廓外形	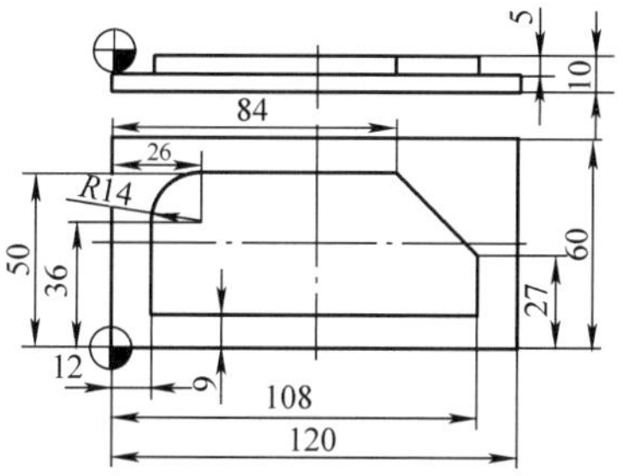	用 ϕ50mm 盘形铣刀对外形轮廓进行粗加工
3	半精加工轮廓外形	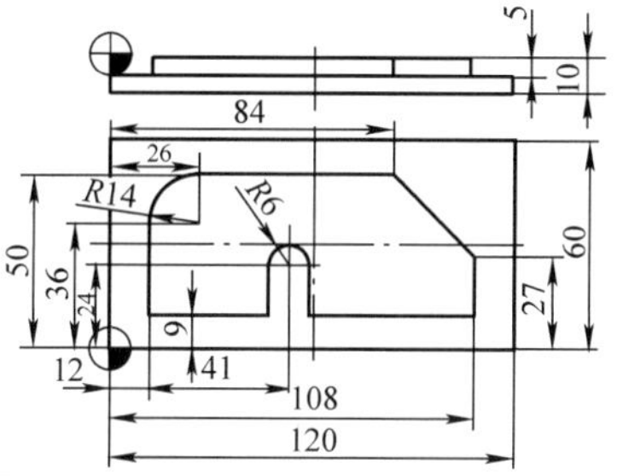	用 ϕ10mm 立铣刀对外形轮廓进行半精加工
4	精加工轮廓外形	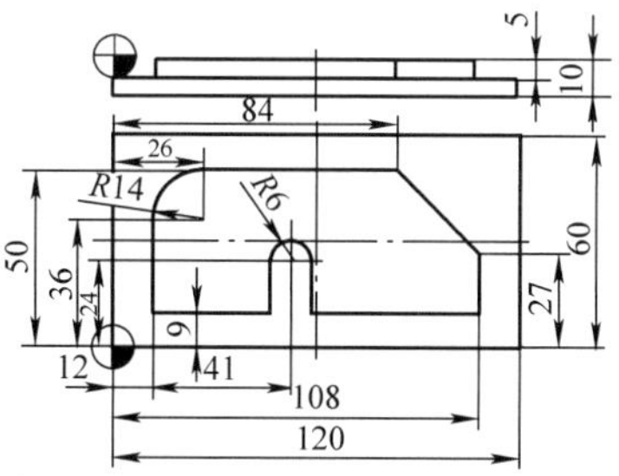	用 ϕ10mm 立铣刀对外形轮廓进行精加工
5	外形轮廓工艺倒角加工	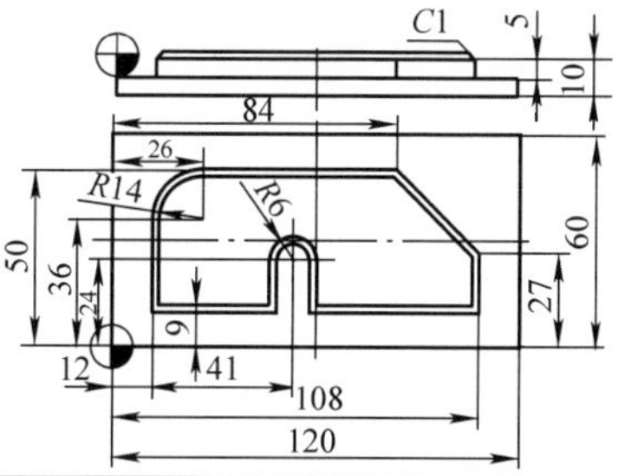	用 ϕ10mm90° 倒角刀对外形轮廓进行工艺倒角加工

（2）刀具选择　工件的加工材料为硬铝（2A12），因此选择对应的铝材料切削加工刀具。选择刀具时，为了提高加工效率，同时考虑到外轮廓大斜角处有残料，所以选择 $\phi50mm$ 的盘形铣刀进行粗加工；加工倒 U 形轮廓时，选用 $\phi10mm$ 立铣刀对轮廓进行粗、精加工；选择 $\phi10mm90°$ 的倒角刀进行工艺倒角加工，并确定切削用量。切削参数见表5-13。

表 5-13　加工刀具及参考切削参数

刀具编号	刀具名称	切削参数			刀具补偿号	
		背吃刀量 /mm	进给率 /（mm/min）	主轴转速 /（r/min）	长度	半径
T01	$\phi50mm$ 盘形铣刀	1（粗加工）	600	1200	H01	D01
T02	$\phi10mm$ 立铣刀	5（半精加工）	1000	3000	H02	D02
T02	$\phi10mm$ 立铣刀	5（精加工）	200	1600	H03	D03
T05	$\phi10mm90°$ 倒角刀	0.3 （倒角加工）	500	5000	H05	D05

（3）夹具与量具选择

1）夹具。根据图样的图形结构，选用机用虎钳装夹工件，并进行找正。

2）量具。量具选择见表5-14。

表 5-14　加工测量量具

序号	量具名称	量程	测量位置	备注
1	百分表	10mm	虎钳装夹、工件找正	
2	游标卡尺	0~150mm	测量外形基本尺寸	精度 0.02mm
3	游标深度卡尺	0~150mm	测量 5mm 的深度	精度 0.02mm

（4）毛坯设置　工件的材料为硬铝 2A12，尺寸（长 × 宽 × 高）为 120mm×60mm×10mm 的方形毛坯。

（5）编程零点设置　确定长、宽、高为 120mm×60mm×10mm 的工件的对称中心及上表面（0 点）为编程零点，并通过对刀设定零点偏置 G55，如图 5-10 所示。

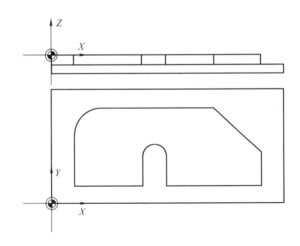

图 5-10　编程零点设定

5.2.2　路径铣削循环指令（CYCLE72）简介及编程

1. 路径铣削循环指令（CYCLE72）概述

（1）指令功能

1）使用路径铣削循环指令可以铣削任意编程的轮廓。该功能使用铣刀半径补偿进行加工。加工方向是任意的，即按照编程轮廓方向进给铣削或者与之相反。轮廓最多允许由170个轮廓元素组成（包括倒角/倒圆）。

2）使用路径铣削循环指令不强制要求轮廓是闭合的。可以进行内部或外部加工（轮廓左或右）或沿着中心路径加工。

3）可以对平面内的任意轮廓（开放轮廓或封闭轮廓）编程，主要步骤如下：

① 输入轮廓。轮廓由各个不同的相连轮廓元素组成。可以在子程序或加工程序中定义轮廓，并放在程序结束指令M30（或M02）后面。

② 轮廓调用（CYCLE62）。选择待加工的轮廓。

③ 路径铣削（粗加工）。加工轮廓时考虑不同的逼近和回退策略。

④ 路径铣削（精加工）。若在粗加工时编写了精加工余量，可再次调用加工轮廓。

⑤ 轮廓倒角。用专用刀具进行轮廓边沿的倒角加工，可再次调用加工轮廓。

4）轮廓左侧或右侧的轨迹铣削可以使用铣刀半径左侧/右侧补偿加工一个编程轮廓。此时，可以选择不同的逼近/退回模式以及不同的趋近/退回策略。

5）在半径补偿关闭时，则在中心轨迹上加工所编程的轮廓。此时，只能沿着直线或垂直线逼近和退回。例如，封闭轮廓可采用垂直逼近/退回。

（2）编程操作界面　路径铣削循环指令（CYCLE72）参数对话框如图5-11所示，编程操作界面说明见表5-15。

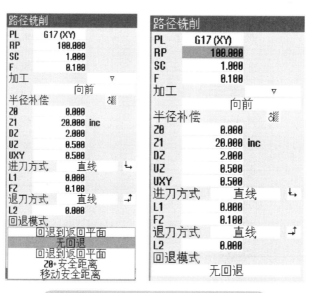

图 5-11　路径铣削循环指令参数对话框

2. 应用CYCLE72指令编程

（1）根据表5-12异形轮廓工件数控加工工艺过程中的"工步2"进行外形轮廓的粗加工　应用路径铣削循环指令（CYCLE72），设置异形轮廓工件轮廓铣削循环参数，如图5-12所示。

表 5-15　路径铣削循环指令（CYCLE72）编程操作界面说明

序号	界面参数	编程操作	说明
1	PL ⟳	选择 G17（G18、G19）	选择加工平面
2	RP	输入返回平面	铣削完成后的刀具轴的定位高度（abs）
3	SC	输入安全距离	相对于工件参考平面的间距，无符号
4	F	输入进给率	单位：mm/min
5	加工 ⟳	选择粗加工▽	选择加工性质
		选择精加工▽▽▽	
		选择倒角	
6	加工方向 ⟳	选择向前	按照编程的轮廓方向进行加工
		选择回退	按照编程的轮廓方向的反向进行加工
7	半径补偿 ⟳	选择 ▨	半径补偿在轮廓的左侧
		选择 ▨	半径补偿在轮廓的右侧
		选择 ▧	半径补偿关，刀具中心沿着轮廓路径加工
8	Z0	输入参考点 Z 坐标	abs /inc
9	Z1 ⟳	输入最终深度（abs/inc）	必须选择粗加工或精加工
10	FS	输入倒角时的斜边宽度（inc）	必须选择倒角加工
11	ZFS ⟳	输入刀尖插入深度（abs /inc）	必须选择倒角加工
12	DZ	输入最大切深	必须选择粗加工或精加工
13	UZ	输入精加工余量深度	必须选择粗加工
14	UXY	输入平面精加工余量	必须选择粗加工，不能选择半径补偿 ▧
15	进刀方式 ⟳	选择直线	空间中的斜线
		选择四分之一圆	螺旋线的形式，仅针对带刀补的路径进刀
		选择半圆	螺旋线的形式，仅针对带刀补的路径进刀
		选择垂直	与路径垂直，仅针对中心轨迹上的路径进刀
		选择 ↳	选择沿轴的进刀逼近模式
		选择 ↘	选择三维进刀，仅适于半圆或四分之一圆
16	L1	输入逼近长度	必须选择直线的进刀方式
17	R1	输入逼近半径	必须选择四分之一圆或半圆的进刀方式
18	FZ	输入深度进给率	必须选择沿轴的进刀逼近模式

（续）

序号	界面参数	编程操作	说明
19	退刀方式 ○	选择直线	选择平面内直线的回退模式
		选择四分之一圆	螺旋线的形式，仅针对带刀补的路径退刀
		选择半圆	螺旋线的形式，仅针对带刀补的路径退刀
		选择 ⌐→	选择沿轴的直线回退模式
		选择 ／	选择三维退刀，仅适于半圆或四分之一圆
20	L2	输入返回长度	必须选择直线退刀方式
21	R2	输入回退半径	必须选择半圆或四分之一圆的退刀方式
22	回退模式 ○	选择到返回平面	不能选择倒角加工。选择重新进给前的退刀模式，如需要多次深度进给，应指定刀具在各次进给之间回退到的高度
		选择 Z0+ 安全距离	
		选择无回退	
		选择移动安全距离	

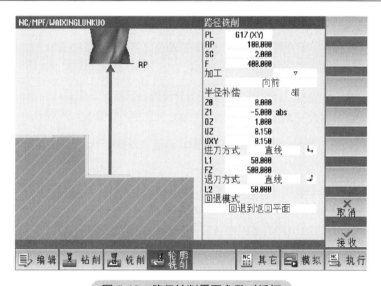

图5-12 路径铣削界面参数对话框

① "PL"选择"G17（XY）"。

② "RP"返回平面输入"100"，"SC"安全距离输入"2"，"F"进给率输入"400"。

③ "加工"选择"▽"（粗加工）、"向前"，"半径补偿"选择"左补偿"。

④ "Z0"参考点Z轴坐标输入"0"，"Z1"深度输入"-5"（abs）。

⑤ "DZ"切深输入"1"，"UZ"底部精加工余量输入"0.15"，"UXY"侧壁精加工余量输入"0.15"。

⑥ "进刀方式"输入"直线"，"L1"进刀距离输入"50"，"FZ"下刀速度输入"500"。

⑦ "退刀方式"输入"直线"，"L2"退刀距离输入"50"。

⑧ "回退模式"选择"回退到返回平面"。

核对所输入的参数无误后，按右侧下方的【接收】软键，在编辑界面的程序中出现 CYCLE72（）这一行程序段。

（2）根据表 5-12 中的"工步 3"进行外形轮廓的半精加工

1）编制加工刀具：选用立铣刀"CUTTER_10"（T2），定义切削参数 S 为 3000r/min。

2）应用路径铣削循环指令（CYCLE72）：选择路径铣削循环指令，设置异形轮廓工件半精加工轮廓铣削循环参数，如图 5-13 所示。

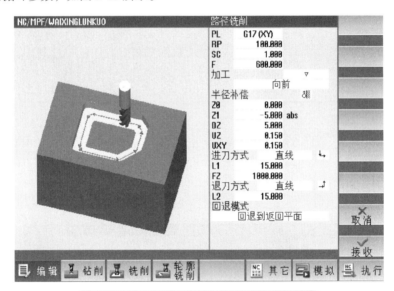

图 5-13 半精加工路径铣削界面参数对话框

① "PL"选择"G17（XY）"。

② "RP"返回平面输入"100"，"SC"安全距离输入"1"，"F"进给率输入"600"。

③ "加工"选择"▽"（粗加工）、"向前"，"半径补偿"选择"左补偿"。

④ "Z0"参考点 Z 轴坐标输入"0"，"Z1"深度输入"−5"（abs）。

⑤ "DZ"切深输入"5"，"UZ"底部精加工量输入"0.15"，"UXY"侧壁精加工量输入"0.15"。

⑥ "进刀方式"输入"直线"，"L1"进刀距离输入"15"，"FZ"下刀速度输入"1000"。

⑦ "退刀方式"输入"直线"，"L2"退刀距离输入"15"。

⑧ "回退模式"选择"回退到返回平面"。

核对所输入的参数无误后，按右侧下方的【接收】软键，在编辑界面的程序中出现半精加工 CYCLE72（）这一行程序段。

（3）根据表 5-12 中的"工步 4"进行外形轮廓的精加工

1）编制加工刀具：选用立铣刀"CUTTER_10"（T2），定义切削参数 S 为 3000r/min。

2）应用路径铣削循环指令（CYCLE72）：选择路径铣削循环指令，设置异形轮廓工件精加工轮廓铣削循环参数，如图 5-14 所示。

① "PL"选择"G17（XY）"。

② "RP"返回平面输入"100"，"SC"安全距离输入"1"，"F"进给率输入"600"。

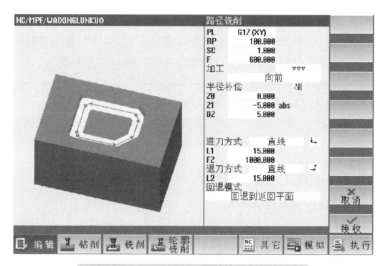

图 5-14　精加工路径铣削界面参数对话框

③ "加工" 选择 "▽▽▽"（精加工）、"向前"，"半径补偿" 选择 "左补偿"。

④ "Z0" 参考点 Z 轴坐标输入 "0"。

⑤ "Z1" 深度输入 "-5"（abs），"DZ" 切深输入 "5"。

⑥ "进刀方式" 输入 "直线"，"L1" 进刀距离输入 "15"，"FZ" 下刀速度输入 "1000"。

⑦ "退刀方式" 输入 "直线"，"L2" 退刀距离输入 "15"。

⑧ "回退模式" 选择 "回退到返回平面"。

核对所输入的参数无误后，按右侧下方的【接收】软键，在编辑界面的程序中出现精加工 CYCLE72（）这一行程序段。

（4）根据表 5-13 中的 "工步 5" 进行外形轮廓的倒角加工

1）编制加工刀具：选用倒角刀 "CUTTER_10"（T4），定义切削参数 S 为 3000r/min。

2）应用路径铣削循环指令（CYCLE72）：选择路径铣削循环指令，设置异形轮廓工件倒角加工轮廓铣削循环参数，如图 5-15 所示。

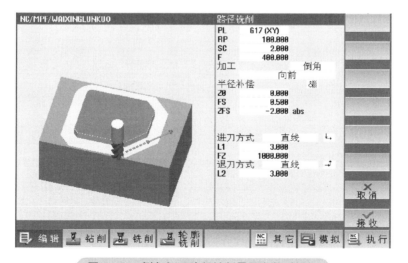

图 5-15　倒角加工路径铣削界面参数对话框

① "PL"选择"G17（XY）"。

② "RP"返回平面输入"100"，"SC"安全距离输入"2"，"F"进给率输入"400"。

③ "加工"选择"倒角"加工、"向前"，"半径补偿"选择"左补偿"。

④ "Z0"参考点 Z 轴坐标输入"0"。

⑤ "FS"倒角宽度输入"0.5"，"ZFS"下刀深度输入"−2"（abs）。

⑥ "进刀方式"输入"直线"，"L1"进刀距离输入"3"，"FZ"下刀速度输入"1000"。

⑦ "退刀方式"输入"直线"，"L2"退刀距离输入"3"。

5.2.3　异形轮廓工件的加工程序参考

1）基本 ISO 指令编程见表 5-16。

表 5-16　粗加工轮廓外形加工程序

; WAILUNKUO.MPF		程序名：粗加工轮廓外形加工程序 WAILUNKUO
; 2019-10-23 WUCHENJIAN		程序编写日期与编程者
N10	T1 M6	调用 1 号刀
N20	G17 G90 G55 G00	选择加工平面、绝对编程、坐标系、移动方式
N30	H01	调用刀具长度补偿
N40	X-50 Y-50	快速定位到下刀点位置
N50	S1200 M03	主轴正转 1200r/min
N60	Z100 M8	快速移动到 Z100 位置，切削液开
N70	Z2	快速移动到距工件上表面 2mm 的位置
N80	G01 Z-1 F1000	以 1000mm/min 的进给率直线插补到切削深度
N90	G41 G01 X12 Y9 D1 F600	建立刀具半径左补偿
N100	Y36	Y 直线插补
N110	G02 X26 Y50 R15	加工 R15mm 圆弧
N170	G01 X85	X 直线插补
N180	X108 Y27	加工斜角
N190	Y9	Y 直线插补
N200	X59	X 负向移动
N210	Y25	Y 直线插补
N220	G03 X57 Y25 R6	加工 R6mm 圆弧
N230	G01 Y9	Y 直线插补
N240	X12	X 直线插补
N250	G40 G01 X-50 Y-50	取消刀具半径补偿，退回到下刀点
N260	G90 G00 Z100 M09	回到 100mm 安全高度，切削液关
N270	M05	主轴停止
N280	M30	程序结束

2）异形轮廓工件加工程序见表 5-17

表 5-17　异形轮廓工件加工程序

;WAIXINGLUNKUO.MPF	程序名：轮廓外形加工程序 WAIXINGLUNKUO
;2019-10-25 WUCHENJIAN	程序编写日期与编程者
N10	WORKPIECE（，""，，" BOX"，112,0,−10,−80,0,0,120,60）	建立毛坯 120mm × 60mm × 10mm
N20	T=" CUTTER 5" M6	调用 φ50mm 盘形铣刀
N30	G17 G55 G90 G0	选择加工平面、坐标系、绝对编程
N40	D1	调用刀具长度补偿
N50	S1200 M03	主轴正转 1200r/min
N60	Z100 M08	快速移动到 Z100 位置，切削液开
N70	CYCLE62（"WAIXINGCU",1,,）	调用"粗加工外轮廓"
N80	CYCLE72("",100,0,1,−5,2,0.15,0.15,600,1000,1,51,1,50,0.1,1,50,0,1,2,101,1011,100）	粗加工路径铣削循环指令调用
N90	G90 G00 Z100 M5	提刀到安全高度，主轴停止
N100	M01	选择暂停
N110	T=" CUTTER 6" M6	调用 φ10mm 立铣刀
N130	D1	调用刀具长度补偿
N140	S3000 M03	主轴正转 3000r/min
N150	Z100 M8	快速移动到 Z100 位置，切削液开
N160	CYCLE62（" WAIXINGCU2",1,,）	调用"加工外轮廓"
N170	CYCLE72（"",100,0,1,−5,5,0.15,0.15,200,1000,2,51,1,15,0.1,1,15,0,1,2,101,1011,100）	粗加工路径铣削循环指令调用
N180	G90 G00 Z100 M5	提刀到安全高度，主轴停止
N190	M01	选择暂停
N200	T=" CUTTER 10" M6	调用 φ10mm 立铣刀
N210	G17 G55 G90 G0	选择加工平面、绝对编程、坐标系
N220	D1	调用刀具长度补偿
N230	S1600 M03	主轴正转 1600r/min
N240	Z100 M8	快速移动到 Z100 位置，切削液开
N250	CYCLE62（" WAIXINGCU2",1,,）	调用"加工外轮廓"
N260	CYCLE72（"",100,0,1,−5,5,0.15,0.15,200,1000,2,51,1,15,0.1,1,15,0,1,2,101,1011,100）	精加工路径铣削循环指令调用
N270	G90 G00 Z100 M5	提刀到安全高度，主轴停止
N280	M01	选择暂停
N290	T=" CUTTER 16" M6	调用 φ10mm90° 倒角刀
N300	G17 G55 G90 G0	选择加工平面、绝对编程、坐标系
N310	D1	调用刀具长度补偿
N320	S5000 M03	主轴正转 5000r/min
N330	Z100 M8	快速移动到 Z100 位置，切削液开

（续）

N340	CYCLE62（"WAIXINGCU2",1,,）	调用"加工外轮廓"
N350	CYCLE72（"",100,0,2,−5,5,0.15,0.15,500,1000,5,51,1,3,0.1, 1,3,0,0.5,−2,101,1011,0）	倒角加工路径铣削循环指令调用
N360	G90 G00 Z100 M5	提刀到安全高度，主轴停止
N370	M01	选择暂停
N380	M30	程序结束
N390	E_LAB_A_WAIXINGCU: ;#SM Z:2 G17 G90 DIAMOF;*GP G00 X12 Y9 ;*GP G1 Y36 ;*GP G2 X26 Y50 I=AC（26）J=AC（36）;*GP G1 X85 ;*GP X108 Y27 ;*GP Y9 ;*GP* X12 ;*GP* E_LAB_E_WAIXINGCU:	粗加工外轮廓
N400	E_LAB_A_WAIXINGCU2: ;#SM Z:2 G17 G90 DIAMOF;*GP G00 X12 Y9 ;*GP G1 Y36 ;*GP G2 X26 Y50 I=AC（26）J=AC（36）;*GP G1 X85 ;*GP X108 Y27 ;*GP Y9 ;*GP X59 ;*GP Y25 ;*GP G3 X57 I=AC（53）J=AC（25）;*GP G1 Y9 ;*GP* X12 ;*GP* E_LAB_E_WAIXINGCU2:	加工外轮廓

5.3 菱形端盖铣削加工编程

本节以图 5-16 所示菱形端盖工件为例，讲解数控铣削加工循环指令的编程与操作。

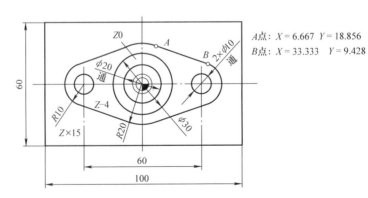

图 5-16 带工艺底托的菱形端盖工件尺寸

带工艺底托的菱形端盖工件尺寸如图 5-16 所示。已经准备好的毛坯为 100mm × 60mm × 25mm，在立式铣床上完成该工件的加工。

零件的工艺分析：此工件的几何图形是由典型图形轮廓（ϕ20mm 圆形腔、ϕ30mm 圆形凸台、ϕ10mm 孔及矩形毛坯外形）和非典型图形轮廓（带有过渡圆弧的菱形）构成的。从图形加工上分析，ϕ30mm 圆形凸台不能看作一个单独的圆形凸台，而是要和矩形毛坯轮廓组合在一起，当作一个型腔工件考虑。同理，菱形端盖外形也要与毛坯外形组合在一起，当作一个型腔工件考虑。

5.3.1 菱形端盖铣削加工工艺分析

（1）毛坯准备 工件的材料为硬铝 2A12，尺寸（长 × 宽 × 高）为 120mm × 60mm × 10mm 的方形毛坯，上表面未加工。

（2）确定工艺方案及加工路线

① 选择编程零点。确定 120mm × 60mm（长 × 宽）的对称中心及上表面（O 点）为编程零点，并通过对刀设定零点偏置 G54。

② 确定装夹方法。根据图样的图形结构，选用机用虎钳装夹工件。

③ 切削用量及加工路线的确定。

a. 选用立铣刀，并确定切削用量。

b. 根据图样要求，计算编程尺寸。

c. 编制程序。

d. 制订工步表（见表 5-18）。

表 5-18 菱形端盖工件数控加工工艺过程

序号	工步名称	工步简图	说明
1	铣削上平面并建立坐标系	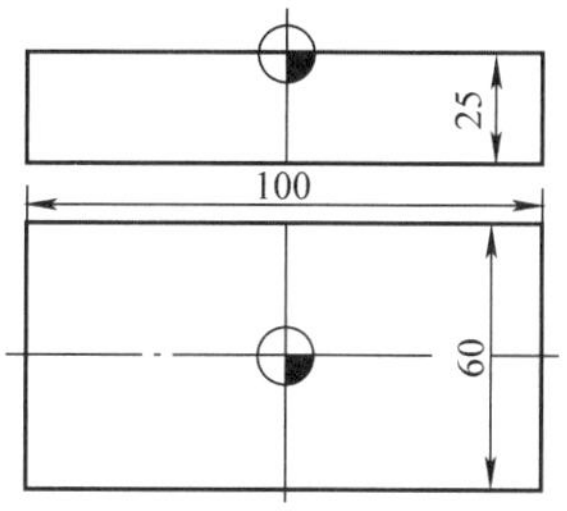	坐标系零点 G54 为编程坐标系编程零点
2	粗加工轮廓外形	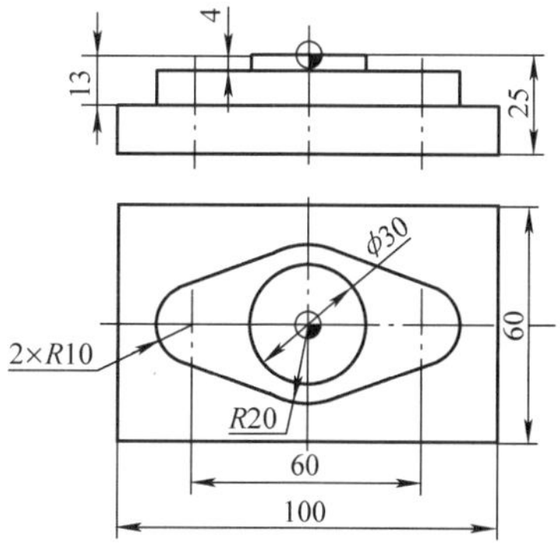	用 ϕ32mm 盘形铣刀对外形轮廓进行粗加工

（续）

序号	工步名称	工步简图	说明
3	精加工轮廓外形	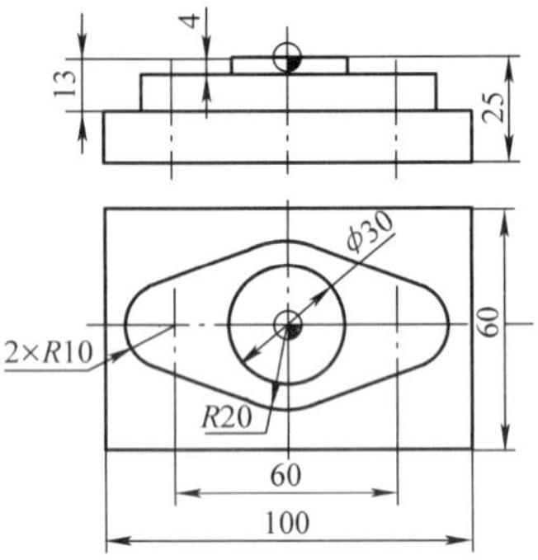	用 ϕ 10mm 立铣刀对外形轮廓进行精加工
4	钻孔	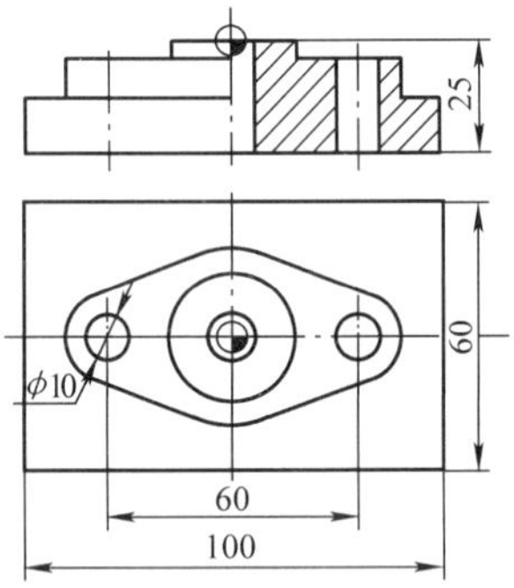	用 ϕ 10mm 麻花钻加工孔
5	粗加工 ϕ 20mm 内孔	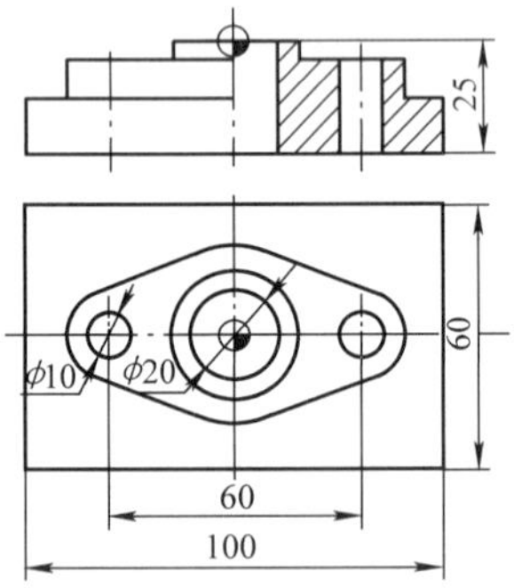	用 ϕ 12mm 立铣刀粗加工 ϕ 20mm 内孔及铣削深度为 4 mm 的表面
6	精加工 ϕ 20mm 内孔	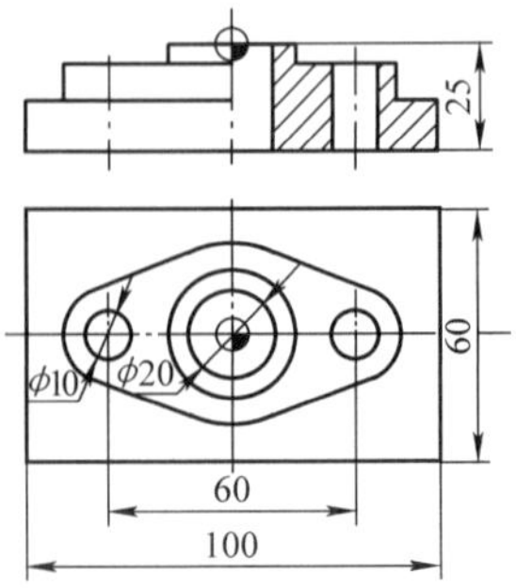	用 ϕ 10mm 立铣刀精加工 ϕ 20mm 内孔及两个 ϕ 10mm 通孔

（3）刀具选择 工件的加工材料为硬铝（2A12），因此选择对应的铝材料切削加工刀具。选择刀具时，为了提高加工效率，同时考虑到外轮廓大斜角处有残料，所以选择 ϕ50mm 的盘形铣刀进行粗加工；根据铣床加工的特点，以刀具划分工序内容。该工件外形和圆形腔均采用 ϕ12mm 立铣刀（EN_12）铣削，2 个 ϕ10mm 孔用 ϕ10mm 麻花钻加工，编写为两个程序。切削参数见表 5-19。

表 5-19 加工刀具及切削参数

刀具编号	刀具名称	切削参数			刀具补偿号	
		背吃刀量/mm	进给率/(mm/min)	主轴转速/(r/min)	长度	半径
T01	ϕ32mm 盘形铣刀	1（粗加工）	600	1200	H01	D01
T02	ϕ10mm 麻花钻	25	500	1000	H02	D02
T03	ϕ10mm 立铣刀	5（半精加工）	1000	3000	H03	D03
T04	ϕ12mm 立铣刀	5（半精加工）	1000	3000	H03	D03

5.3.2 菱形端盖铣削加工程序

菱形端盖铣削加工程序见表 5-20。

表 5-20 菱形端盖铣削加工程序

;WAIXINGLUNKUO.MPF		程序名：轮廓外形加工程序 WAIXINGLUNKUO
N10	WORKPIECE（，“”,,"RECTANGLE",0,0,−25,−80,−50,−30,100,60）	建立毛坯 120mm×60mm×25mm
N20	T=“EN_12” M06	调用 ϕ12mm 立铣刀
N30	G17 G90 G54 G0 X0 Y0	选择加工平面、绝对编程、坐标系、起始点
N40	D1	调用刀具长度补偿
N50	S2000 M03	主轴正转 2000r/min
N60	Z100 M8	快速移动到 Z100 位置，切削液开
N70	CYCLE62（“1”,1,,）	调用毛坯外形轮廓
N80	CYCLE62（“3”,1,,）	调用粗加工圆柱凸台轮廓
N90	CYCLE63(“13”,1,20,0,1,−4,400,200,65,2,0.2,0.15,0,0,0,2,2,15,1,2,“”,1,,0,10101,111）	粗加工型腔铣削循环指令
N100	CYCLE62（“1”,1,,）	调用精加工毛坯外形轮廓
N110	CYCLE62（“2”,1,,）	调用精加工圆柱凸台轮廓
N130	CYCLE63(“12”,1,20,−4,1,−12,400,200,65,4,0,0,0,0,0,2,2,1,5,1,2,“”,1,,0,101,111）;	精加工型腔铣削循环指令
N140	POCKET4（100,0,1,−13,20,0,0,3,0.2,0.2,600,200,0,11,80,9,15,0,1,0,1,2,10100,10111,110）	圆形腔铣削工艺循环指令
N150	T=“DIRLL_10” M6	调用 ϕ10mm 麻花钻
N160	G90 G54 G0 X0 Y0	选择加工平面、绝对编程、坐标系
N170	D1	调用刀具长度补偿

（续）

N180	S1000 M03	主轴正转 1000r/min
N190	Z100 F250 M8	快速移动到 Z100 位置，切削液开
N200	MCALL CYCLE82（20,−4,1,,−13,0,10,10001,11）	位置模式孔循环加工
N210	X-30 Y0	左边孔
N220	X30 Y0	右边孔
N230	MCALL	结束模态钻孔加工方式
N240	G0 Z100 M5 M9	返回初始平面
N250	M30	程序结束
N260	E_LAB_A_2: ;#SM Z:8 G17 G90 DIAMOF;*GP* G0 X33.333 Y9.428 ;*GP* G2 X33.333 Y-9.428 I=AC（30）J=AC（−0）;*GP* G1 X0 Y-21.213 RND=20 ;*GP* X-60.002 Y0 RND=10 ;*GP* X0 Y21.213 RND=20 ;*GP* X33.333 Y9.428 ;*GP* E_LAB_E_2:	菱形端盖外轮廓轨迹

第6章
CHAPTER 6

数控铣削编程与操作
（拓展）

在常见机械制造金属切削领域，除了前述章节所讲述的常规编程方式以外，还有参数编程、智能工步编程的方式。

知识目标：

➢ 了解 R 参数编程基础

➢ 学习倒角编程工艺分析

➢ 学习对称双斜面凸形方台加工编程实例

➢ 了解应用"铣削循环"功能编写 Shop Mill（程序）工作计划

➢ 了解应用"轮廓铣削"（轮廓计算器）功能编写 Shop Mill 工作计划

➢ 了解应用"直线圆弧"功能编写 Shop Mill（程序）工作计划

技能目标：

➢ 掌握 R 参数编程

➢ 掌握倒角编程工艺

➢ 掌握对称双斜面凸形方台加工编程

➢ 掌握应用"铣削循环"功能来编写 Shop Mill（程序）工作计划

➢ 掌握应用"轮廓铣削"（轮廓计算器）功能来编写 Shop Mill 工作计划

➢ 掌握应用"直线圆弧"功能编写 Shop Mill（程序）工作计划

6.1 参数编程方式

6.1.1 R 参数基础

在数控加工中，经常需要对工件某一部分的形状反复进行切削，这时候使用子程序编程效果比较好，它可以缩短程序编制时间、清晰明了，同时占用的存储器内存也小。但是，对于不同工件、不同部分，或具有相似形状的工件，子程序的通用性就差了；而参数程序不仅具有子程序所有的特点，并且它的最大优点是通用性强。参数程序的最大编程特征主要有以下 3 个方面：

1）可以在参数程序主体中使用变量。

2）可以进行变量之间的演算。

3）可以用参数程序指令对变量进行赋值。

（1）变量的种类　按变量号码可分为局部变量、公共变量、系统变量，其用途和性质都不同（见表 6-1）。

表 6-1　变量的种类

变量号	变量种类	功　能
R0-R99 R100-R249	局部（自）变量	各参数程序可独自使用，保存计算结果。关闭电源时进行初始化，变量值为空。调用宏程序时，代入变量值
R100-R249 （加工循环传递参数）	公共变量（全局变量）	在不同的参数程序之间可以公共使用的变量
R250-R299	系统变量	进行读取、写入当前位置、刀具补偿量等 NC 各种数据的变量

（2）运算指令　R 参数的运算指令类似于数学运算、函数运算指令、控制转移指令等。它包括算术运算指令、逻辑运算指令、控制转移指令，常见的运算指令见表 6-2。

表 6-2　常见的运算指令

功能	格式（参数符号）	注释
定义、转换	Ri=Rj	R1=R2
加法 减法 乘法 除法	Ri=Rj+Rk Ri=Rj-Rk Ri=Rj*Rk Ri=Rj/Rk	R1=R2+R3 R1=R2-R3 R1=R2*R3 R1=R2/R3
正弦 反正弦 余弦 反余弦 正切 反正切	Ri=SIN（Rj） Ri=ASIN（Rj） Ri=COS（Rj） Ri=ASCOS（Rj） Ri=TAN（Rj） Ri=ATAN2（Rj）	R1=SIN[R2] R1=ASIN[R2] R1=COS[R2] R1=ASCOS[R2] R1=TAN[R2] R1=ATAN2[R2]
平方根 平方值 绝对值 舍入 上取整	Ri=SQRT（Rj） Ri=POT（Rj） Ri=ABS（Rj） Ri=ROUND（Rj） Ri=TRUNC（Rj）	R1=SQRT（R2） R1=POT（R2） R1=ABS（R2） R1=ROUND（R2） R1=TRUNC（R2）
指数函数	Ri=EXP（Rj）	R1=EXP（R2）
或（OR） 异或（XOR）	Ri=Rj OR Rk Ri=Rj XOR Rk	
与（AND） 非（NOT）	Ri=Rj AND Rk Ri=Rj NOT Rk	
从 BCD 码转换成 BIN 码 将 BIN 码转换成 BCD 码	Ri=BIN[Rj] Ri=BCD[Rj]	

1）运算的优先级。参数运的优先次序为：函数（SIN、COS、ATAN 等）→乘、除类运算（*、/、AND 等）→加、减类运算（+、-、OR、XOR 等）。

2）括号的嵌套。当要变更运算的优先顺序时，可使用括号。包括函数的括号在内，括号最多可用到 5 层，超过 5 层时则出现报警。

3）角度单位。在 SIEMENS 数控系统中，角度以度（°）为单位，如 90°30′ 表示成 90.50。

（3）控制语句 在程序中使用 GOTO、IF 语句（条件转移，如果……）。

1）绝对跳转。

指令格式：GOTOF Label（标记符）   向前跳转

　　　　　GOTOB Label（标记符）   向后跳转

指　　令	说　　明
GOTOF	向前跳转（向程序结束的方向跳转）
GOTOB	向后跳转（向程序开始的方向跳转）
Label	所选的标记符

2）有条件跳转。

指令格式：IF 条件 GOTOF Label   向前跳转

　　　　　IF 条件 GOTOB Label   向后跳转

指　　令	说　　明
GOTOF	向前跳转（向程序结束的方向跳转）
GOTOB	向后跳转（向程序开始的方向跳转）
Label	所选的标记符
IF	跳转条件导入符
条件	可进行计算的参数，可以是计算表达式

说明：

① 条件式是在进行比较的两个变量（或一个常量与一个变量）之间，写上比较运算符，然后再用方括号全部括起来。

② 运算符一般由 2 个英文字符构成，用来判断大、小或相等（见表 6-3）。

表 6-3　条件表达式种类

SIEMENS 条件表达式	含义	具体示例
==	等于	IF[R11 EQ R20] GOTOF MA1
<>	不等于	IF[R11 NE R20] GOTOB MA2
>	大于	IF R11>R20 GOTOB MA1
>=	大于或等于	IF R11 GE R20
<	小于	IF R11<R20 GOTOF MA2
<=	小于或等于	IF R11 LE R20

6.1.2　倒角编程案例分析

以铣削加工图 6-1 所示倒圆角工件为例。编程中，为了使参数编程具有更好的适应性，R 参数编程零点选择在圆弧的中心（X、Z 轴零点），走刀方式采用沿圆柱面的圆周上双向往复运动，至于 Y 轴上的运动，则可以根据实际情况，选择 YO → Y+ 或 YO → Y- 单向推进，在本例中采用 YO → Y+ 推进。用户 R 参考程序见表 6-4。

图 6-1　倒圆角类工件

表 6-4　用户 R 参考程序

	R1=（A）	圆柱面的圆弧半径
	R2=（B）	球头立铣刀半径
	R3=（C）	圆柱面起始角度
	R4=（U）	圆柱面终止角度
	R5=（J）	Y 坐标（绝对值）设为自变量，赋初始值为 0
	R11-=（H）	Y 坐标每次递增量（绝对值），因粗、精加工工艺而异
	R13=（M）	Y 方向上圆柱面的长度（值）
	R24=（X）	参数编程零点在工件坐标系 G54 中的 X 坐标
	R25=（Y）	参数编程零点在工件坐标系 G54 中的 Y 坐标
	R26=（Z）	参数编程零点在工件坐标系 G54 中的 Z 坐标
	G52 X=R24 Y=R25 Z=R26	在圆柱面中心（X,y,Z）处建立局部坐标系
	G00 X0 Y0 Z=R1+30	定位至圆柱面中心上方安全高度
	R12=R1+R2	球头立铣刀中心与圆弧中心连线的距离 R12（常量）
	R6=R12*COS（R3）	起始点刀心对应的 X 坐标值
	R7=R12*SIN（R3）	起始点刀心对应的 Z 坐标值（绝对值）
	R8=R12*COS（R4）	终止点刀心对应的 X 坐标值
	R9=R12*SIN（R4）	终止点刀心对应的 Z 坐标值（绝对值）
	X=R6	定位至起始点上方
	Z=R1+1	G00 移动到圆柱面最上方 1.0mm 处
	G01 Z=R7-R2 F100	G01 进给至起始点
MA1:	R5=R5+R11	Y 坐标即变量 R5 递增 R11
	G01 Y=R5 F1000	Y 坐标向正方向 G01 移动 R11
	G18 G02 X=R8 Z=R49-R2 CR=R12	起始点 G02 运动至终止点（刀心轨迹）
	R5=R5+R11	Y 坐标即变量 R5 递增 R11
	G01 Y=R5 F1000	Y 坐标向正方向 G01 移动 R11
	G18 G03 X=R6 Z=R7-R2 CR=R12	终止点 G03 运动至起始点（刀心轨迹）
	IF R5 LT R13 GOTOB MA1	如果 R5<R13，转至 MA1
	G00 Z=R1+30	G00 提刀至安全高度
	G52 X0 Y0 Z0	恢复 G54 零点
	RET	参数程序结束返回

6.1.3 对称双斜面凸形方台加工编程

铣削加工图 6-2 所示的对称双斜面凸形方台，其加工方案见表 6-5。设工件最上面的对称中心为编程零点，工件坐标系偏置代码为 G56。首先完成方凸台加工编程，双斜面的铣削为阶梯进刀方式编程与坐标轴旋转方式编程相结合。

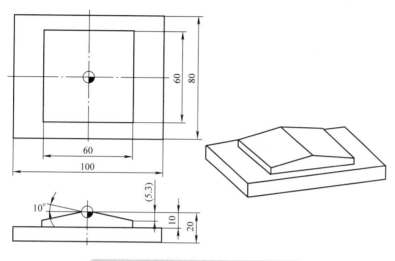

图 6-2 对称双斜面凸形方台加工图样

表 6-5 对称双斜面凸形方台的铣削加工方案

刀具号	刀具名称	规格 /mm	加工内容
T1	圆柱立铣刀	$\phi 16$	60mm × 60mm × 10mm 方形凸台
T2	圆柱立铣刀	$\phi 8$	倾斜 10° 的双斜面粗加工
T3	球头立铣刀	$S\phi 8$（R4）	倾斜 10° 的双斜面精加工

1）使用 ϕ 16mm 立铣刀，采用标准工艺铣削循环指令 CYCLE76 编写 60mm × 60mm × 10mm 方凸台的铣削程序（见表 6-6）。

表 6-6 铣削方凸台程序（XFTT. MPF）

N10	T1 D1	调用 1 号刀具 1 号刀沿
N20	G64	使用连续切削模式
N30	G90 G0 G56 Z100	G 指令定义，初始高度
N40	S400 M3 F120	主轴正转，转速为 400r/min
N50	CYCLE76（30,0,5, −10, ,60,60,0,0,0,0,10,0,01300,200,0, 1, 65, 65）	方形凸台铣削循环
N60	G0 Z100	返回初始高度
N70	M30	程序结束

2）使用 ϕ8mm 立铣刀，采用逆铣、切削双向走刀方式编写斜面的粗加工主程序（XM-CX01.MPF），见表 6-7；双斜面粗加工子程序（XMCX_ L1. SPF）见表 6-8。

表 6-7　双斜面粗加工主程序（XMCX01. MPF）

N10	T2 D1	调用 2 号刀具 1 号刀沿，精加工
N20	G64	使用连续切削模式
N30	G17 G90 G56 G0	程序初始化
N40	X34 Y−35	刀具定位在下刀点上方
N50	S1000 M3 Z100	设定主轴转速、转向及初始高度
N60	XMCX_L1	调用粗铣子程序
N70	ROT RPL=180	坐标系在当前平面旋转 180°
N80	XMCX_L1	调用粗铣子程序
N90	M30	程序结束并返回程序起始段

表 6-8　双斜面粗加工子程序（XMCX_L1. SPF）

N10	Z5	刀具快速点定位到工件坐标系 Z5 位置
N20	G1 Z0 F100	以 F 值设定的速度进给至 Z0 点
N30	R1 = 0	设定 X 方向切削初始值
N40	WHILE R1 ＜ =0	以 X 方向位置设定循环判断条件
N50	R2 =TAN（10）* R1	计算 Z 轴切削深度，写入参数 R2 中
N60	G01 X = R1 +4 Z= − R2 F300	至进刀点位置 X、Z
N70	Y35	Y 轴方向铣削
N80	R1 =R1 − 1	设定 X 方向步距 1mm
N90	R2 = TAN（10）* R1	计算 Z 轴切削深度，写入参数 R2 中
N100	G01 X = R1 +4 Z= −R2	至进刀点位置 X、Z
N110	Y −35	Y 轴反方向铣削，回到 Y 轴进刀点位置
N120	R1=R1−1	设定 X 方向步距 1mm
N130	END WHILE	循环结束标识
N140	G0 Z100	刀具抬起到初始高度
N150	RET	子程序结束

编程说明：粗加工程序是从斜面边缘开始向里加工（提刀方式）编程，每往返一次为一个循环。刀具在 Y 方向留有 1mm 安全间隙，在 X 方向进刀位置增加了刀具的半径尺寸。程序段 N140 以 X 轴方向切削到 0 点位置为循环条件判断来结束加工循环。程序段 N60 和 N100 中 X、Z 进刀点位置的移动量通过每次以 1mm 为步距值的增量累加计算得出，如图 6-3 所示。

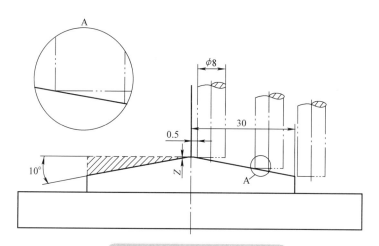

图6-3 双斜面粗铣加工示意图

> **公式：** R1=O（变量赋值）、X=R1+4（变量赋值＋刀具半径）、Z=TAN（10）*R1（角度变量＋变量赋值）。
>
> 立铣刀刀具半径为 ϕ8mm，斜面与垂直面的夹角为10°，斜面长度为30mm。

程序说明：该子程序中利用了 WHILE…END WHILE 语句进行了往复走刀的循环控制加工。根据上述程序段可以看出，在条件满足时则循环依次执行 WHILE 和 END WHILE 之间的程序句；当条件不满足给出的循环条件时，则结束循环，跳到 END WHILE 语句之后继续向下执行程序句。

3）使用 ϕ8mm 球头立铣刀，采用单方向进给提刀方式编写双斜面的精加工主程序（XMJX02.MPF），见表6-9，双斜面精加工子程序（XMJX_L2.SPF）见表6-10。

表6-9 双斜面精加工主程序（XMJX02.MPF）

N10	T3 D1	调用3号刀具1号刀沿，精加工
N20	G64	使用连续切削模式
N30	G17 G90 G56 G0 Z100	程序初始段
N40	XOY-35	刀具定位点
N50	S1000 M3	设定主轴转速、转向
N60	XMJX_L2	调用精铣子程序
N70	ROT RPL = 180	在当前平面旋转180°
N80	XMJX_L2	调用精铣子程序
N90	G0 Z100	刀具抬起至初始高度
N100	M30	程序结束并返回程序起始段

表6-10 双斜面精加工子程序（XMJX_L2.SPF）

N10	Z5	刀具快速点定位到工件坐标系 Z5 位置
N20	G1Z0 F200	以 F 值设定的速度进给至 Z0 位置
N30	R1 =SIN（10）*4 R2 = COS（10）*4	计算刀具与工件的相切点坐标值
N40	R3 =0	设定 X 方向切削初始值
N50	WHILE R3＜=30.3	以斜边长度设定循环条件判断
N60	R4 =TAN（10）* R3	以倾斜 10° 计算每次 Z 轴切深
N70	R5 =R1 + R3	计算 X 轴方向的切深
N80	R6 =R4 + 4 - R2	计算 Z 轴方向的切深
N90	G01 X = R5 Z =-R6 F300	根据计算值，X、Z 两轴联动至进刀位置
N100	Y35	Y 轴方向铣削
N110	G0 Z5	刀具快速抬至工件坐标系 Z5 位置
N120	Y−35	Y 轴反方向的铣削
N130	R3 =R3 +0.3	设定 X 方向步距
N140	END WHILE	循环结束标志
N150	G0 Z5	刀具抬起的高度
N160	RET	子程序结束

程序说明：精加工程序使用球头立铣刀，该程序的编制是在使用立铣刀粗加工的基础上进行的。编程时应考虑球头立铣刀的切削部分为半圆形球面。切削时球头立铣刀轴线（刀位点）与斜面接触（切削）点的夹角等于斜面与水平加工平面的夹角。由图 6-4 可知，球头立铣刀半径为 $R4$，斜面与水平面的夹角为 10°，水平面边长的一半为 30mm。设定的水平方向的进给步距增量值为 0.5，通过程序中的计算公式，计算出球头立铣刀铣削时与斜面接触（切削）点 X、Z 的坐标值。

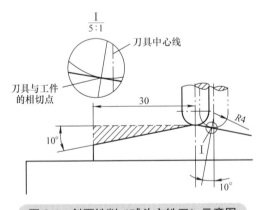

图 6-4 斜面铣削（球头立铣刀）示意图

公式：R3=0（变量赋值）、X=SIN(10)*4+R3、Z=TAN(10)*R3+4-COS(10)*4（角度变量＋变量赋值）
球头立铣刀半径为 Sϕ8mm，斜面与垂直角的夹角为 10°，斜面长度为 30mm。

在子程序 XMJX_L2 中，程序段 N130 中进给步距值设为 0.3mm，在粗加工中设置为 1mm。步距值的减小是为了得到更好的表面质量，但是也相应地增加了铣削次数，降低了加工效率。合理选择步距值往往是在加工中取得的经验值。在程序段 N140 中，以斜面长度设定循环条件判断时，延长了一个步距值是为了防止在斜面边长终点处留有余量。

另外，当把程序段 N130 放在程序段 N50 与 N60 之间时，当程序执行到程序段 N90 时，刀具就不会在工件坐标位置 X0、Z0 表面处走刀一次，而是先计算了一个步距值，这样会造成在铣削完两斜面后，两斜面相接处连接不上。如果 Z 轴对刀有误差，也会造成两斜面相接处连接不上。

坐标轴旋转方式编程粗加工过程同上。使用 ROT 坐标系旋转指令，用逆铣的往复走刀方式编写双斜面加工主程序（XMJX3.MPF），见表 6-11，坐标系设定子程序（XMZB1.SPF）见表 6-12，相同路径子程序（XMXT.SPF）见表 6-13。

表 6-11 双斜面加工主程序（XMJX3.MPF）

N10	T2 D1	调用 2 号刀具 1 号刀沿，精加工
N20	G64	使用连续切削模式
N30	G17 G90 G56 G0 Z100	程序初始段
N40	S1000 M3 F100	设定主轴转速、转向及进给率
N50	XMZB1 P2	调用 2 次子程序 XMZB1
N60	ROT	旋转功能取消
N70	G0 Z100	刀具抬到工件坐标系 Z100 位置
N80	M30	程序结束并返回程序起始段

表 6-12 坐标系设定子程序（XMZB1.SPF）

N10	A ROT Y = 10	坐标系沿 Y 轴旋转 10°
N20	X0 Y-35	坐标旋转后的刀具定位点
N30	Z5	刀具快速定位到工件坐标系 Z5 位置
N40	G1Z0	以 F 值设定的速度进给至 Z0 位置
N50	XMXT P50	调用 50 次子程序 XMXT
N60	ROT	旋转功能取消
N70	Z10	刀具抬起的高度
N80	ROT RPL = 180	在当前平面内旋转 180°
N90	RET	子程序结束

表 6-13 相同路径子程序（XMXT.SPF）

N10	G1X = IC（0.3）	X 轴方向增量移动（0.3mm 为步距）
N20	Y35	Y 轴方向铣削
N30	X=IC（0.3）	X 轴方向增量移动（0.3mm 为步距）
N40	Y-35	Y 轴反方向铣削
N50	RET	子程序结束

程序说明：使用 SIEMENS 系统 ROT 旋转功能，指令 ROT RPL = 10，说明在当前平面（G17/G18/G19）进行旋转，旋转轴为平面的第三轴。指令 ROT Y（X，Z）=10，是直接指定旋转轴进行旋转。坐标轴旋转之后应注意旋转点所在的工件位置，此例中旋转点的最理想位置是以两斜面的交线为 Y 轴的旋转轴。旋转对象为工件坐标系而不是旋转刀具。这里，只是设定坐标系旋转，让切削点绕着 Y 轴旋转，并没有考虑工件与刀具实际位置有没有变化。在加工第二个斜面时，程序采用了附加旋转方式，加工坐标系旋转 180° 后，其斜面的旋转方向与角度保持不变。

本例中是使坐标系以 Y 轴为旋转轴旋转 10°，使斜面实现水平位置，在此平面上进行铣削加工编程，球头立铣刀精加工轨迹如同平面一样，使用子程序实现了步距增量移动，达到往复走刀切削平面的效果。而在 XMJX_L2 子程序中，切削点 X、Z 切削进给点位置计算工作由数控系统内部完成。此时，操作者对机床实际运行坐标的认识不应当仍停留在工作台平面上，在立式铣床上使用 Y 轴、X 轴旋转指令，一定要注意刀具位置，不要发生刀具干涉现象。

在使用两个旋转指令时都要注意旋转方向的正确性。两者都是从旋转轴正方向的反向观察，逆时针为正，顺时针为负。

加工编程练习与思考题

请根据图 6-5，编制加工 $R2$ 圆弧倒角的程序

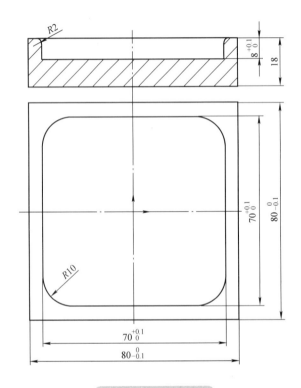

图 6-5　编程练习图

6.2　Shop Mill 智能工步编程

通常，主要由专业人士采用复杂、抽象的代码进行数控编程。为了让每一个工人都能利用在传统机械加工中所积累的丰富经验来处理较为棘手的加工任务，西门子数控系统中的 Shop Mill 编程工具提供了解决方案：建立一个加工工作计划，而不是一段程序。通过建立包含具体操作要求的加工工作计划，操作者可以将其专业知识运用到加工过程中。由于 Shop Mill 编程工具能够建立强大的"集成式运行轨迹"，即使复杂的轮廓和工件也可以轻松制得。

本节结合 Shop Mill 编程工具常见的编程方法，以三个加工编程案例讲解 Shop Mill 编程工具的使用过程，读者可据此仿照练习。

6.2.1 应用"铣削循环"功能编写 Shop Mill（程序）矩形腔工作计划

Shop Mill 编程工具第一大特色是几何形状和工艺在编程中是一个整体。即在某个工作步骤的图形化显示中，"归类"的各个图标可以清楚地表明几何形状和工艺之间的关联性。"归类"是指生成一个加工步骤使所需的几何形状和工艺相互关联。

Shop Mill 编程工具中，几何形状和工艺有关联的模块包括：毛坯轮廓、成品轮廓、轮廓铣削（粗加工），含逼近和离开策略的余料铣削、轮廓铣削（精加工）、凹槽循环、螺纹循环、钻削循环、钻削位置、直线圆弧等。以图 6-6 所示的矩形腔工件的加工工作计划来说明其中的铣削循环、型腔循环编程过程。

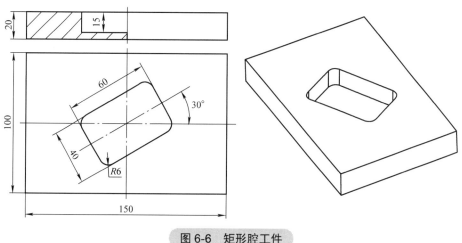

图 6-6 矩形腔工件

（1）加工工艺分析　编程中将使用以下刀具和工艺数据：

刀具数据：铣削刀具 ϕ10mm（CUTTER_D10）。

工艺数据：F0.15mm/Z(tooth)，V120m/min（粗加工）

　　　　　F0.08mm/Z(tooth)，V150m/min（精加工）

先对型腔进行粗加工，再进行精加工。

（2）使用 Shop Mill 编程工具完成的加工工作计划（程序）的管理和创建

1）创建矩形腔工件加工文件的目录。程序目录的新建此前已介绍过，此处不再赘述。

2）完成"程序开头"内容创建。程序开头的创建此前已介绍过。

3）插入矩形腔工件加工程序备注信息：工作计划（程序）名称为"JXQ.MPF"。

4）完成环形槽工件外轮廓粗加工工作计划。着手创建一个工作计划以及其中对应工件的所有加工工序。

在屏幕下方如图 6-7 所示，按下水平软键【铣削】→在屏幕右侧按下垂直软键【型腔】→按下在屏幕右侧垂直软键【矩型腔】（图 6-8），填写参数如下。

① "T" 刀具名称从系统刀具表中选择 "CUTTER_10"，刀沿号 D 为 "1"。

② "F" 进给率输入 "0.15"（mm/tooth），"V" 恒定切削速度输入 "120"（m/min）。

③ "参考点" 位置选择 "▭"，"加工" 选择 "▽" 粗加工，选择 "位置模式"。

④ "W" 腔宽度输入 "40"，"L" 腔宽度输入 "60"，"R" 倒角半径输入 "6"，"α 0" 旋转角度输入 "30"（°），"Z1" 切削深度输入 "−15"（inc）。

图 6-7　铣削界面

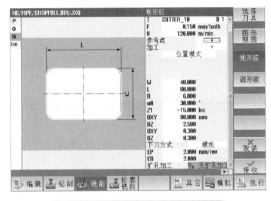

图 6-8　矩形腔粗加工参数设置

⑤"DXY"最大切削宽度输入"80"（mm），"DZ"最大切削深度输入"2.5"，"UXY"边沿精加工余量输入"0.3"，"UZ"底部精加工余量输入"0.3"。

⑥"下刀方式"选择"螺线"，"EP"最大螺线导程输入"2"（mm/rev），"ER"螺线半径输入"2"，"扩孔加工"选择"否"。

确认以上参数设置无误后，按【接收】软键，完成矩形腔工件粗加工工作计划的程序语句编制，如图 6-9 所示。

5）完成矩形腔工件精加工加工工作计划。按下水平软键【铣削】→在屏幕右侧按下垂直软键【型腔】→按下在屏幕右侧垂直软键【矩形腔】，填写参数如图 6-10 所示。

图 6-9　矩形腔工件粗加工程序段插入程序中

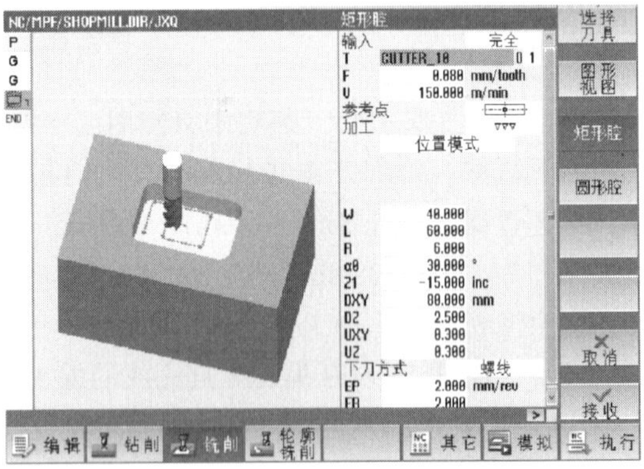

图 6-10　矩形腔精加工参数设置

①"T"刀具名称从系统刀具表中选择"CUTTER_10"，刀沿号 D 为"1"。

②"F"进给率输入"0.08"（mm/tooth），"V"恒定切削速度输入"150"（m/min）。

③"参考点"位置选择" ⊡ "，"加工"选择"▽▽▽"精加工，选择"位置模式"。

④"W"腔宽度输入"40"，"L"腔宽度输入"60"，"R"倒角半径输入"6"，"α0"旋转角度输入"30"（°），"Z1"切削深度输入"−15"（inc）。

⑤"DXY"最大切宽输入"80"（mm）、"DZ"最大切深输入"2.5"、"UXY"边沿精加工余量输入"0.3"、"UZ"底部精加工余量输入"0.3"；

⑥"下刀方式"选择"螺线""EP"最大螺线导程输入"2"（mm/rev）、"ER"螺线半径输入"2"。

确认以上参数设置无误后，按下【接收】软键，完成矩形腔工件粗加工加工计划的程序语句的编制，如图 6-11 所示。

（3）矩形腔工件加工程序模拟仿真 按下菜单扩展键【 ➤ 】收回扩展水平软件栏 →按下【模拟】软键，矩形腔工件的模拟仿真加工图如图 6-12 所示。

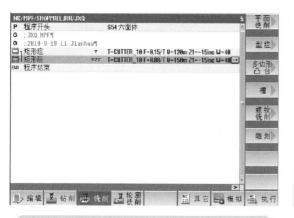

图 6-11 矩形腔工件粗加工程序段插入程序中

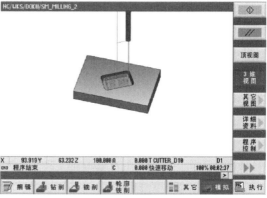

图 6-12 矩形腔工件的模拟仿真加工图

6.2.2 应用"轮廓铣削"（轮廓计算器）功能编写 Shop Mill 压铸板工作计划（程序）

Shop Mill 第二大特色是因为具有通用语言输入和图形支持功能，内置的轮廓计算器可以处理所有相关尺寸的运算且操作简便，以图 6-13 所示工件为例进行说明。

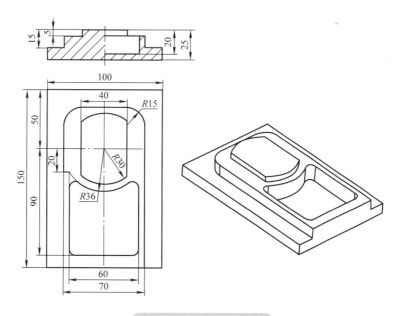

图 6-13 压铸板工件图

（1）刀具选择 工件的加工材料选择硬铝，材料牌号为 2A12，毛坯尺寸为 160mm × 80mm × 30mm，选择对应的铝材料切削加工刀具，刀具和切削参数（参考值）见表 6-14。

表 6-14　压铸板工件加工刀具及切削参数

刀具编号	刀具名称	切削参数		
		背吃刀量 /mm	进给率 /(mm/min)	主轴转速 /(r/min)
T1	CUTTER_D32	15	1000	1000
T2	CUTTER_D16	5	2000	2000
T3	CUTTER_D8	5	3000	5000

（2）使用 Shop Mill 编程工具完成的加工程序的管理和创建

1）创建工件加工文件的保存路径。程序目录的新建此前已介绍过，此处不再赘述。

2）完成工件"程序开头"内容创建。工件程序开头的创建可参照 6.2.1 进行（图 6-14）。

3）插入工件加工程序的备注信息工作计划（程序）名称为"YZB.MPF"。

4）使用轮廓计算器创建板工件轮廓。轮廓编辑器轨迹生成界面包括四个区域：左侧的两个竖状图标条，分别是"程序编辑链"和"轮廓绘图进程树"，中间为编辑对象显示区，右侧为对应参数输入区，如图 6-15 所示。

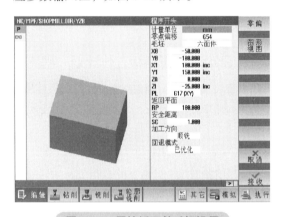

图 6-14　压铸板工件毛坯设置　　　　图 6-15　轮廓计算器创建轮廓界面

操作过程如下：顺次按下【轮廓车削】→【新轮廓】→输入新轮廓名称"YZB"→【接收】，此时会启用"轮廓计算器"的"轮廓绘图进程树"，工件的轮廓创建过程见表 6-15。当轮廓输入完毕后，按下进程树下方"END"图标→【接收】，就会关闭"轮廓计算器"的"轮廓绘图进程树"。

确认以上参数设置无误后，单击"轮廓绘图进程树"下方"END"图标，再单击【接收】软键，轮廓"YZB"将插入工作计划中。

同时，轮廓"YZB"的"程序编辑链"打开，接着在"程序编辑链"中插入外轮廓粗、精加工工作计划，进行"程序编辑链"扩展（扩展的每一步都将为程序链中的一个链环），形成一个完整的程序链。

5）完成工件外轮廓粗加工工作计划。在屏幕下方按下水平软键【轮廓铣削】→在屏幕右侧按下垂直软键【路径铣削】，填写图 6-16 所示的参数。

①"T"刀具名称从系统刀具表中选择为"CUTTER_32"，刀沿号 D 为"1"。

②"F"切削进给率输入"0.3"（mm/tooth），"V"恒定切削速度输入"120"（m/min）。

③"加工"选择"▽"粗加工，"加工方式"选择"向前"，"半径补偿"选择"🔲"。

④"Z0"参考点 Z 坐标输入"0"，Z1"最终加工深度输入"−15"（inc）。

表 6-15　零件的轮廓创建过程

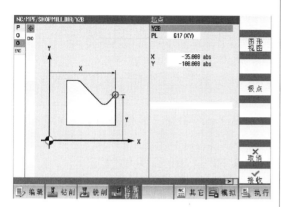

1）设置轮廓名称及轮廓起点

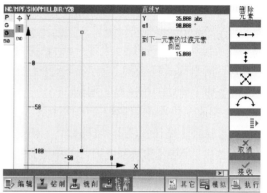

2）X 坐标不变，沿一条直线到 Y35 位置，再倒 R15 圆角

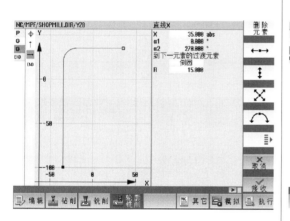

3）Y 坐标不变，沿一条直线到 X35 位置，再倒角 R15 圆角

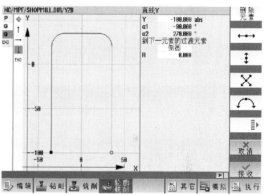

4）再保持 X 坐标不变，沿一条直线到 Y-100 位置

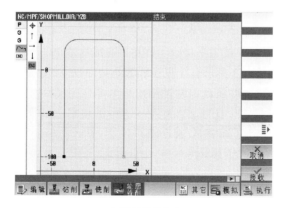

5）设置轮廓终点

⑤ "DZ"最大切深输入"5"，UZ"底部精加工余量输入"0.3"，UXY"边沿精加工余量输入"0.3"。

⑥ "进刀方式"选择"直线"（沿轴进刀），"L1"进刀长度输入"5"，"FZ"深度进给率输入"0.1"（mm/tooth）。

⑦ "退刀方式"选择"直线"（沿轴进刀），"L2"退刀长度输入"5"。

⑧ "回退模式"选择"回退到返回平面"。确认以上参数设置无误后，单击【接收】软键，完成这个加工计划的程序语句编制。

6）完成工件外轮廓精加工工作计划。在屏幕下方按下水平软键【轮廓铣削】→在屏幕右侧按下垂直软键【路径铣削】，填写如下（图6-17）：

① "T"刀具名称从系统刀具表中选择为"CUTTER_32"，刀沿号 D 为"1"。

② "F"进给率输入"0.08"（mm/tooth），"V"恒定切削速度输入"150"（m/min）。

③ "加工"选择"▽▽▽"精加工，"加工方式"选择"向前"，"半径补偿"选择"▦"。

④ "Z0"参考点 Z 坐标输入"0"，Z1"最终加工深度输入"-15"（inc）。

⑤ "DZ"最大切深输入"5"。

⑥ "进刀方式"选择"直线"（沿轴进刀），"L1"进刀长度输入"5"，"FZ"深度进给率输入"0.1"（mm/tooth）。

⑦ "退刀方式"选择"直线"（沿轴进刀），"L2"退刀长度输入"5"。

⑧ "回退模式"选择"回退到返回平面"。

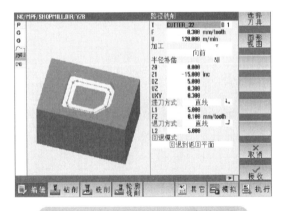

图 6-16 压铸板工件粗加工参数设置　　图 6-17 工件精加工参数设置

确认以上参数设置无误后，按下【接收】软键，完成这个加工计划的程序语句编制。

7）使用轮廓计算器创建板工件凸台（见表6-16）。

8）使用轮廓计算器创建工件凸台（见表6-17）。

9）完成工件凸台粗加工工作计划。在屏幕下方按下水平软键【轮廓铣削】→在屏幕右侧按下垂直软键【凸台】，填写参数，如图6-18所示。

① "T"刀具名称从系统刀具表中选择为"CUTTER_32"，刀沿号 D 为"1"。

② "F"进给率输入"1000"（mm/min），"S"恒定切削速度输入"1000"（rpm）。

③ "加工"选择"▽"粗加工。

④ "Z0"参考点 Z 坐标输入"0"，Z1"最终加工深度输入"-5"（inc），"DXY"路径间距输入"80"（%）。

表 6-16　轮廓计算器创建凸台轮廓过程

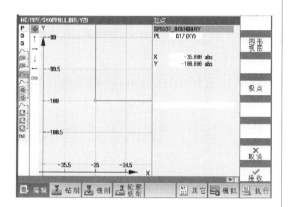

1）设置轮廓名称及轮廓起点

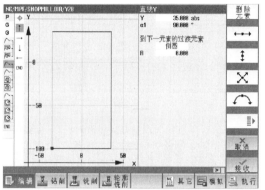

2）X 坐标不变，沿一条直线到 Y35 位置

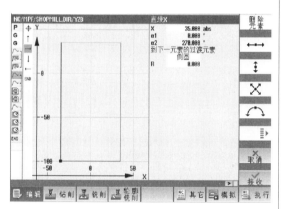

3）Y 坐标不变，再沿一条直线到 X35 位置

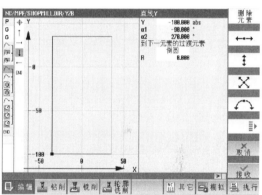

4）X 坐标不变，再沿一条直线到 Y-100 位置

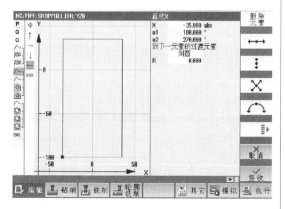

5）Y 坐标不变，再沿一条直线到 X-35 位置

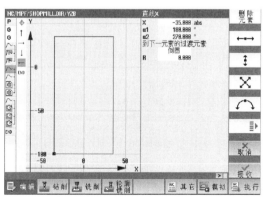

6）设置轮廓终点

表 6-17　轮廓计算器创建凸台轮廓过程

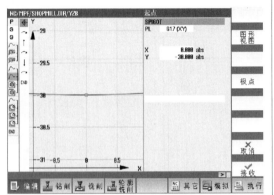

1）设置轮廓名称及轮廓起点

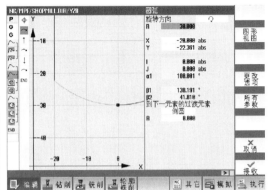

2）从起点沿 $R30$ 圆弧顺时针至 $X-20$，$Y-22.361$ 位置

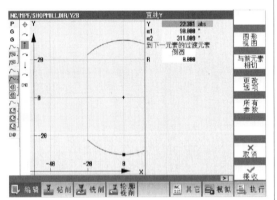

3）X 坐标不变，沿一条直线到 $Y22.361$ 位置

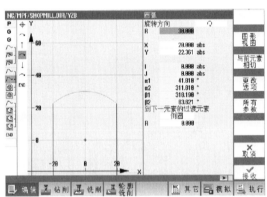

4）Y 坐标不变，沿 $R30$ 圆弧顺时针至 $X20$，$Y22.361$ 位置

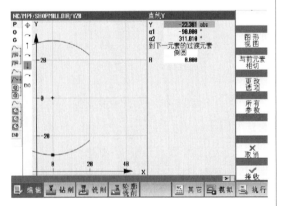

5）X 坐标不变，沿一条直线到 $Y-22.361$ 位置

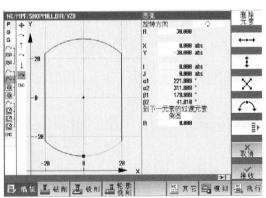

6）沿 $R30$ 圆弧顺时针至 $X0$，$Y-30$ 位置

⑤ "DZ" 最大切深输入 "5"，"UZ" 底部精加工余量输入 "0.1"，"UXY" 边沿精加工余量输入 "0.1"。

⑥ "回退模式" 选择 "Z0+ 安全距离"。

确认以上参数设置无误后，按下【接收】软键，完成这个加工计划的程序语句编制。

10）完成工件凸台精加工工作计划。在屏幕下方按下水平软键【轮廓铣削】→在屏幕右侧按下垂直软键【凸台】，填写参数，如图 6-19 所示。

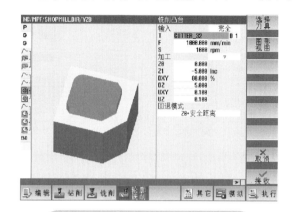

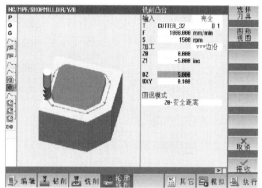

图 6-18　工件凸台粗加工参数设置　　　　图 6-19　工件凸台精加工参数设置

① "T" 刀具名称从系统刀具表中选择为 "CUTTER_32"，刀沿号 D 为 "1"。

② "F" 切削进给率输入 "1000"（mm/min），"S" 恒定切削速度输入 "1500"（rpm）。

③ "加工" 选择 "▽▽▽边沿" 精加工。

④ "Z0" 参考点 Z 坐标输入 "0"，"Z1" 最终加工深度输入 "−5"（inc）。

⑤ "DZ" 最大切深输入 "5"，"UXY" 边沿精加工余量输入 "0.1"。

⑥ "回退模式" 选择 "Z0+ 安全距离"。

确认以上参数设置无误后，单击【接收】软键，完成这个加工计划的程序语句编制。

11）使用轮廓计算器创建工件型腔（见表 6-18）。

12）完成工件型腔粗加工工作计划。在屏幕下方按下水平软键【轮廓铣削】→在屏幕右侧按下垂直软键【型腔】，填写参数如图 6-20 所示。

① "T" 刀具名称从系统刀具表中选择为 "CUTTER_D16"，刀沿号 D 为 "1"。

② "F" 进给率输入 "2000"（mm/min），"S" 恒定切削速度输入 "3000"（rpm）。

③ "加工" 选择 "▽" 粗加工。

④ "Z0" 参考点 Z 坐标输入 "−5"，"Z1" 最终加工深度输入 "15"（inc），"DXY" 路径间距输入 "50"（%）。

⑤ "DZ" 最大切深输入 "5"，"UZ" 底部精加工余量输入 "0.3"，"UXY" 边沿精加工余量输入 "0.3"。

⑥ "下刀方式" 选择 "螺线"，"EP" 最大螺线导程输入 "1.25"，"ER" 螺线半径输入 "6"。

⑦ "回退模式" 选择 "回退到返回平面"。

确认以上参数设置无误后，按下【接收】软键，完成这个加工计划的程序语句编制。

13）完成工件型腔底面精加工工作计划。在屏幕下方按下水平软键【轮廓铣削】→在屏幕右侧按下垂直软键【型腔】，填写参数，如图 6-21 所示。

数控铣削编程与操作

表 6-18　轮廓计算器创建型腔轮廓过程

轮廓轨迹生成图示及操作说明

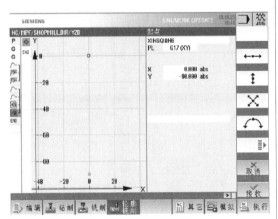

1）设置轮廓名称及轮廓起点

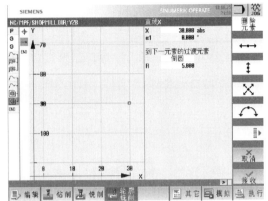

2）Y 坐标不变，沿一条直线到 X30 位置，再倒 R5 圆角

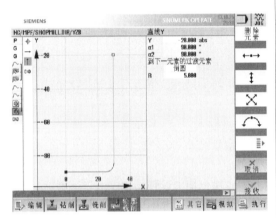

3）X 坐标不变，沿一条直线到 Y-20 位置，再倒 R5 圆角

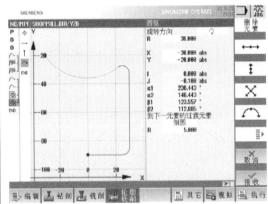

4）沿 R30 圆弧顺时针至 X-36，Y-20 位置

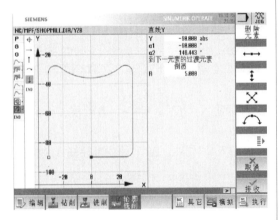

5）X 坐标不变，沿一条直线到 Y-90 位置，再倒 R5 圆角

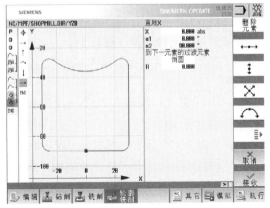

6）Y 坐标不变，沿一条直线到 X0 位置

图 6-20 工件型腔粗加工参数设置

图 6-21 工件型腔底面精加工参数设置

① "T" 刀具名称从系统刀具表中选择为 "CUTTER_8"，刀沿号 D 为 "1"。

② "F" 切削进给率输入 "1000"（mm/min），"S" 恒定切削速度输入 "3000"（rpm）。

③ "加工" 选择 "▽▽▽底部" 精加工。

④ "Z0" 参考点 Z 坐标输入 "-5"，Z1" 最终加工深度输入 "15"（inc），"DXY" 路径间距输入 "50"（%）。

⑤ "DZ" 最大切削深度输入 "5"，UZ" 底部精加工余量输入 "0.3"，"UXY" 边沿精加工余量输入 "0.3"。

⑥ "起点" 选择 "自动"，"下刀方式" 选择 "垂直"，FZ" 深度进给率输入 "0.1"。

⑦ "回退模式" 选择 "回退到返回平面"。

确认以上参数设置无误后，按下【接收】软键，完成这个加工计划的程序编制。

14）完成零件型腔边沿精加工工作计划。在屏幕下方按下水平软键【轮廓铣削】→在屏幕右侧按下垂直软键【型腔】，填写参数如图 6-22 所示。

① "T" 刀具名称从系统刀具表中选择为 "CUTTER_D8"，刀沿号 D 为 "1"。

图 6-22 工件型腔边沿精加工参数设置

② "F" 切削进给率输入 "1000"（mm/min），"S" 恒定切削速度输入 "3000"（rpm）。

③ "加工" 选择 "▽▽▽边沿" 精加工。

④ "Z0" 参考点 Z 坐标输入 "-5"，Z1" 最终加工深度输入 "15"（inc）。

⑤ "DZ" 最大切深输入 "5"，UXY" 边沿精加工余量输入 "0.3"。

⑥ "回退模式" 选择 "回退到返回平面"。

确认以上参数设置无误后，按下【接收】软键，完成这个加工计划的程序语句编制。

15）完成工件加工。生成工件的图形化工作计划如图 6-23 所示。

（3）工件加工程序模拟仿真 按下菜单扩展键【 ➤ 】收回扩展水平软件栏 →按下【模拟】软键，进行工件仿真加工（图 6-24）。

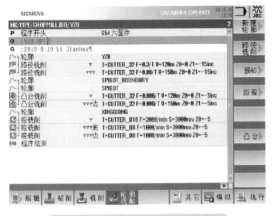

图 6-23 工件的图形化工作计划

图 6-24 压铸板工件的仿真加工

6.2.3 应用"直线圆弧"功能编写 Shop Mill（程序）压铸件工作计划

Shop Mill 编程工具第三大特色是它的"直线圆弧"功能。这种功能多应用于单一轮廓的编程，如铣轮廓、铣平面编程等。完整 Shop Mill（程序）工作计划，由程序开头、多个"直线"和"圆弧"以及程序结束组成。

图 6-25 所示工件编程中将使用以下刀具和工艺数据：

1）刀具数据：铣刀 ϕ20mm（CUTTER_D20）。

2）工艺数据：恒定切削速度 V 为 80m/min。

3）将下述位置指定为加工起点：X-12，Y-12，Z-5。在快速移动中接近该位置。

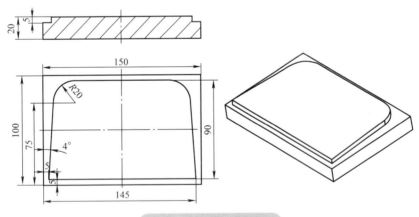

图 6-25 压铸件工件图

4）以直线方式接近轮廓起点（X5、Y5）（F 100mm/min，左侧铣刀半径补偿）

使用 Shop Mill 编程工具"直线圆弧"功能编写工件图形加工工作计划的操作过程如下：

（1）创建工件加工文件的路径 先按下系统面板上【MENU SELECT】键→【程序管理】键，进入系统数控程序目录界面，在已经预置的程序路径下选择新加工文件的保存路径，如选择"工件程序"路径。按下屏幕右侧【新建】软键→【目录】软键→输入新目录的名称，如图 6-26 所示。"新建目录"的名称栏目输入文件夹名称，如"SHOPMILL"）→最后按下【确认】软键，如图 6-27 所示。

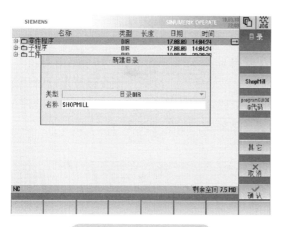

图 6-26　创建新目录图

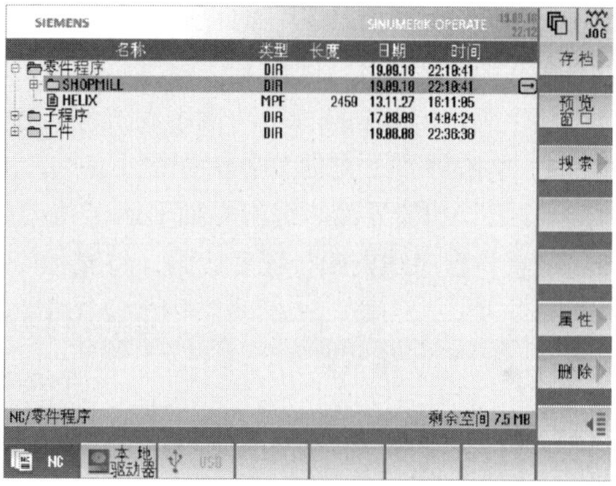

图 6-27　新目录创建完成

在新建的"SHOPMILL"目录下，再新建一个工步程序。操作过程：按下【新建】软键→选择【Shop Mill】→输入新建工步程序文件名称"YZJ"（图 6-28）→按下【确认】软键。

（2）完成工件加工程序的"程序开头"内容创建　进入新工步程序后，系统界面会自动跳至"程序开头"的参数设置界面，该界面包括三个区域：左侧为程序编辑"进程树"显示区，中间为编辑对象显示区，右侧为对应参数输入区。"程序开头"输入毛坯数据和程序的基本数据，如图 6-29 所示。

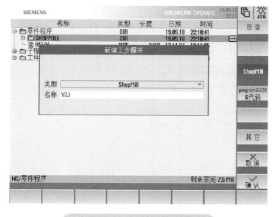

图 6-28　创建新工步程序

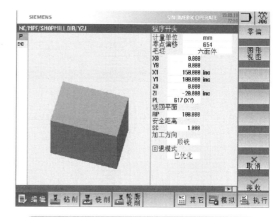

图 6-29　台阶轴工件加工程序的"程序开头"参数设置界面

① "计量单位"选择"mm"，"零点偏移"选择"G54"，"毛坯"选择"六面体"。

② "X0"六面体零点 X 坐标输入"0"，"Y0"六面体零点 Y 坐标输入"0"，"X1"六面体长度输入"150"，"Y1"六面体宽度输入"100"。

③ "ZA"毛坯上表面的位置输入"0"，"ZI"毛坯下表面输入"-20"（inc）。

④ "加工平面"选择为"G17（XY）"。

⑤ "RP"返回平面输入"100"，"SC"安全距离输入"1"。

⑥ "加工方向"选择"顺铣"，"回退模式"选择"已优化"。

核对以上参数设置与输入内容无误后按下右下方的【接收】软键。

（3）插入工件编写加工程序的备注信息　在"程序开头"与"程序结束"之间按照约定格

式插入两行编写件加工程序的程序名（第二行）和编写加工程序的时间及编程者姓名（第三行），如图 6-30 所示。

（4）应用"直线圆弧"功能编制工件轮廓加工工作计划

1）单击屏幕下方的菜单扩展键【 ▶ 】，出现扩展水平软件栏，按下【直线圆弧】软键进入"直线圆弧"功能界面。编辑界面显示了将要编写的加工程序的程序开头，工件编写加工程序的备注信息与程序结束四行程序代码，将光标停在第三行结尾处，如图 6-31 所示。

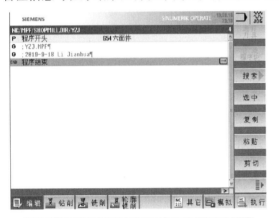

图 6-30　插入工件编写加工程序备注信息

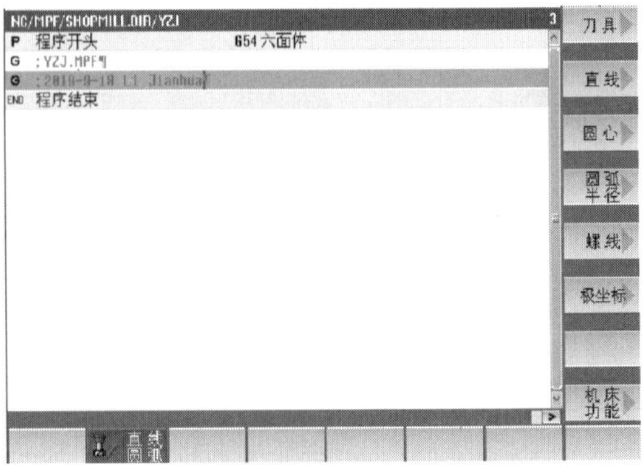

图 6-31　"直线圆弧"指令调用

2）按右侧【刀具】软键→【选择刀具】软键→从系统刀具表中选择"CUTTER_D20"→【确认】软键，完成加工刀具的选择。在"V"恒定切削速度输入"80"（m/min），"DR"刀具半径余量中选择"无"→按下【接收】软键，如图 6-32 所示。

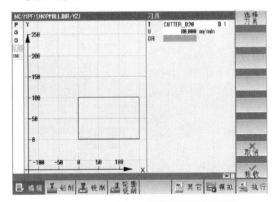

图 6-32　刀具数据及工艺数据的设置

3）按下图 6-31 所示右侧【直线】软键进入"直线"参数输入界面，设置第一个直线移动程序段参数。单击（编辑）图 6-31 的左侧"程序编辑链"中第 3 个行。

"X"输入"-12"（abs），"Y"输入"-12"（abs），单击右侧【快速移动】软键，"F"项显示"*快速移动*"→按下【接收】软键。此操作后可以在图 6-33 中编辑界面中（第 3 行）看到程序段"快进 X-12 Y-12"已经插入程序中（图 6-34）。

4）将第二条"直线"循环插入程序。操作过程如下：按图 6-31 右侧所示的【直线】软键，进入"直线"参数输入界面，在输入框中输入参数值，"Z"项输入"-5"（abs）（图 6-35），然后按下【接收】软键。此操作会将程序段"快进 Z-5"插入程序中，如图 6-36 所示。

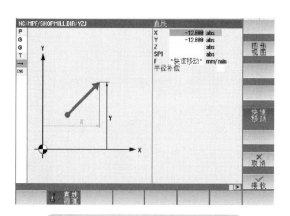

图 6-33　第一个直线移动参数设置

图 6-34　第一个直线移动程序段插入程序中

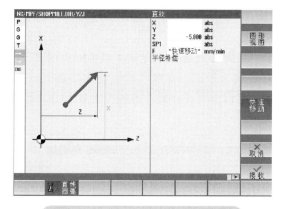

图 6-35　第二个直线移动参数设置

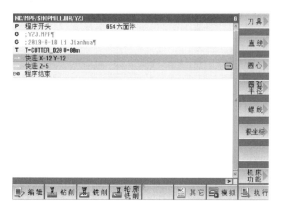

图 6-36　第二个直线移动程序段插入程序中

5）将第三条"直线"循环插入程序。操作过程如下：按图 6-31 右侧所示的【直线】软键，进入"直线"参数输入界面，在输入框中输入参数值，"X"项输入"5"（abs），"Y"项输入"5"（abs），"F"项输入"100"（mm/min），在"半径补偿"项选择"▒"（图 6-37），然后按下【接收】软键。此操作会将程序段"F100/min G41 X5 Y5"插入程序中，如图 6-38 所示。

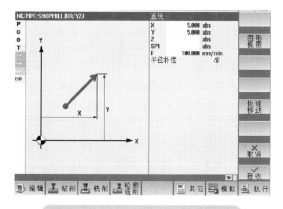

图 6-37　第三个直线移动参数设置

图 6-38　第三个直线移动程序段插入程序中

6）确定"直线圆弧"工艺所采用的极坐标系（极点）参考点，操作过程如下：按图 6-31 右侧所示的【极坐标】软键，再按下【极点】软键，进入"极点"参数输入界面，在输入框中输入参数值，"X"项输入"30"（abs），"Y"项输入"75"（abs）（图6-39），然后按下【接收】软键。此操作会将程序段"X=30 Y=75"插入程序中，如图6-40所示。

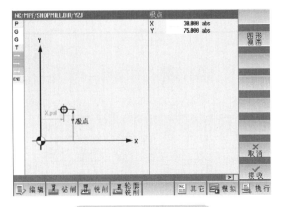

图6-39　极点参数设置

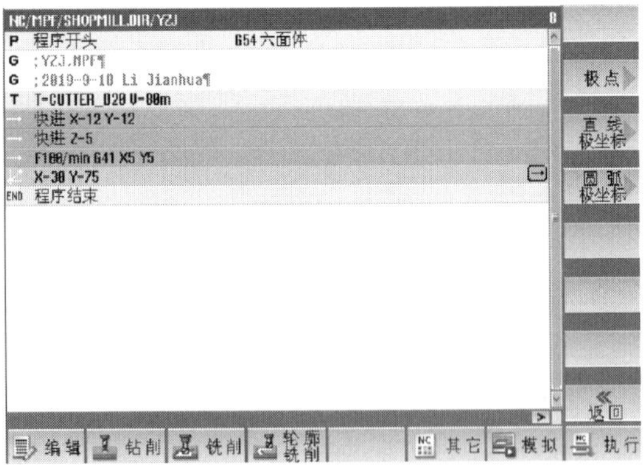

图6-40　极点程序段插入程序中

7）将"直线极坐标"插入程序，操作过程如下：按图6-31右侧所示的【极坐标】软键，再按下【直线极坐标】软键，进入"直线极坐标"参数输入界面，在输入框中输入参数值，"L"项输入"20"，"α"项输入"176"（abs）（图6-41），然后按下【接收】软键。此操作会将程序段"L20 α176"插入程序中，如图6-42所示。

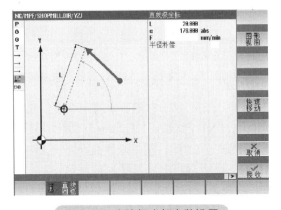
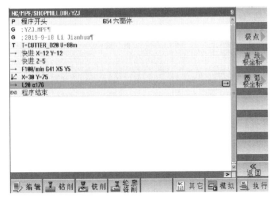

图6-41　直线极坐标参数设置

图6-42　直线极坐标程序段插入程序中

8）将"圆弧极坐标"插入程序，操作过程如下：按图6-31右侧所示的【极坐标】软键，再按下【圆弧极坐标】软键，进入"圆弧极坐标"参数输入界面，在输入框中输入参数值，"旋转方向"选择"↻"，"α"项输入"90"（abs）（见图6-43），然后按下【接收】软键。此操作会将程序段"G2 α90"插入程序中，如图6-44所示。

9）按照上面的操作步骤，应用同样方法完成后续工件轮廓的程序段编制，如图6-45所示。

（5）工件轮廓加工程序模拟仿真　按下水平软键栏的【直线圆弧】软键或者菜单扩展键【▶】软键，收回扩展水平软件栏，然后单击【模拟】软键，控制系统后台运算开始模拟，在动画窗口中显示加工过程，如图6-46所示。

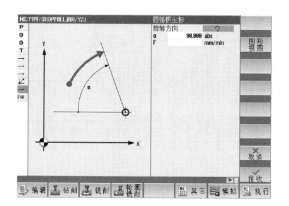

图 6-43 圆弧极坐标参数设置

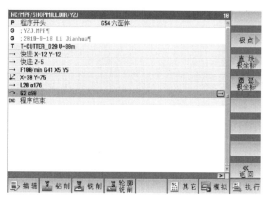

图 6-44 圆弧极坐标程序段插入程序中

图 6-45 编制的工件轮廓加工程序

图 6-46 压铸件工件轮廓模拟仿真加工示意图

加工编程练习与思考题

（1）用 Shop Mill 编程（图 6-47）

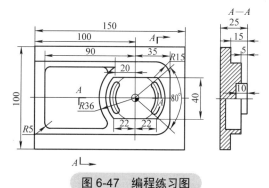

图 6-47 编程练习图

（2）思考题

1）Shop Mill 的编程特点有哪些？

2）Shop Mill 程序如何设置回退距离？

3）Shop Mill 的退刀槽参数设置有哪些注意事项？

4）简述 Shop Mill 编程的三种方法，并说明三种方法的特点及适用场合。

5）简述 Shop Mill 编程与数控指令编程的区别。

第7章
CHAPTER 7

程序的传输方法

知识目标：

➢ 了解使用 USB、CF 卡传输或运行程序的方法
➢ 学习使用 Access My Machine 软件
➢ 学习使用 RS232C 传输程序

技能目标：

➢ 能够使用 USB、CF 卡传输或运行程序
➢ 能够安装并使用 Access My Machine 软件
➢ 能够使用 RS232C 传输程序

在 SINUMERIK 828D 数控铣削系统上能够很方便地进行加工程序传输或实现在线加工。本章详细说明文件下载地址 http://www.ad.siemens.com.cn/CNC4YOU/Home/Document/253。

7.1 使用 USB、CF 卡传输或运行程序

在 SINUMERIK 828D 系统前面板上有 U 盘插口、CF 卡接口、以太网口 X127，如图 7-1 所示。可以直接连接 U 盘、CF 卡，而且不需要适配器，实际加工时可以将程序复制到系统中。对于大的模具加工程序，可直接在 U 盘、CF 卡上运行程序（从安全加工的角度出发，不推荐使用这个方法）。具体操作可将程序复制到 CF 卡，然后直接插入系统，盖上防尘盖进行加工。使用中的 CF 卡，可与 SINUMERIK 828D 系统的网络功能或 U 盘进行方便的文件交换、复制、粘贴、删除等操作。

图 7-1　SINUMERIK 828D 系统前面板

7.2　使用网络接口传输程序或 DNC 加工

使用网线连接传输程序时，可以使用系统面板前的 X127 网口（系统调试接口），也可使用系统背面的 X130 网口（工厂组网接口）进行程序的传输或在线加工。程序传输方式一般有以下两种方式。

7.2.1　使用 Access My Machine 软件

软件旧版本叫 RCS Command，在 SINUMERIK 828D 的 toolbox 中包含此软件。该软件可将程序传输到系统侧或系统上插的 U 盘或 CF 卡中进行加工。

可以用于 SINUMERIK 808DAD、SINUMERIK 828D 和 SINUMERIK 840Dsl 数控系统的数据通信，进行文件传输，简单介绍如下。

以 AccessMyMachine/P2P（PC）4.6 为例，软件图标为 ，软件可以用于 SINUMERIK 828D。

1. 安装

1）将安装包放置在不含有中文路径的文件夹下。

2）安装过程中，请勾选中文 "Chinese"。

2. 使用方法

1）语言切换。进入软件（默认英文），选择 "Setting" — "Changing language..."，选择要调整的语言，这里选择 "Chinese simple"（简体中文），然后重启软件以使之生效，如图 7-2 所示。

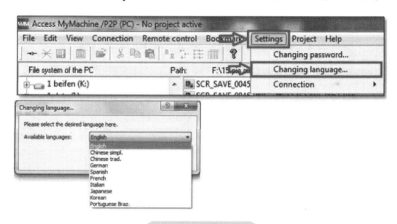

图 7-2　语言切换

2）连接设置。使计算机与 SINUMERIK 828D 系统前面板网口（X127 口）连接。笔记本计算机网络设置为 "自动获取 IP"。连接成功后，应为 192.168.215.xxx 网段，一般设置为 192.168.215.2。

打开软件后，弹出连接设置对话框，在 "可用连接" 下拉框中选择 "新建网络连接"，如图 7-3 所示。

3）单击图 7-3 中的 "连接" 按钮，弹出 "连接" 界面。

连接名称：SINUMERIK 840D sl/828D

文件传输设置如下：

IP/ 主机名称：192.168.215.1（828D 数控系统 IP 地址）

端口：22

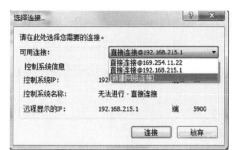

图 7-3　连接设置

用户名：manufact

密码："SUNRISE"（大写）

4）单击右下方的"保存"按钮保存上述设置数据。

5）再按下左下方的"连接"按钮即可开始联机。

6）文件传输。支持文件相互传输（复制、粘贴、删除），支持拖拽操作（图 7-4）。

注意事项：计算机侧文件传输路径不存在中文。

7）远程控制。单击软件左上角的 ▤ 按钮，弹出远程监控界面，可操作监控系统屏幕。

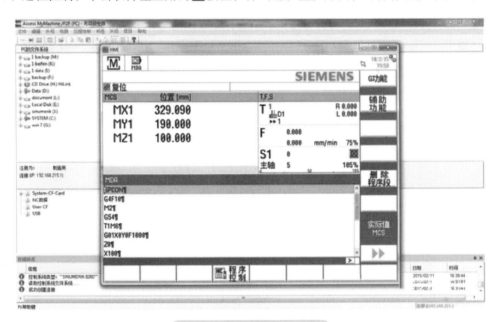

图 7-4　远程控制文件传输

> **注意：**
> 传输程序的路径（程序文件夹名称）不能有中文字符。
> 传输时注意系统访问等级（用户级以上）。
> 实际工厂连接时建议使用 X130 连接。

7.2.2　使用网络管理器选项功能

实现程序从网盘到 SINUMERIK 828D 系统的传输，或者直接在网盘上运行程序，实现在线加工，并且可以设置网盘的访问权限。具体步骤可参考 SINUMERIK 828D 简明调试手册。

7.2.3　使用 RS232C 传输

SINUMERIK 828D 上可使用传统的 RS232C 方式进行程序传输，随着工业网络的迅速发展，这种方式由于传输速率太低，稳定性也落后于工业网络，不能实现 DNC 功能（对于 DNC 功能，推荐使用网络接口，速度快，可靠性高），已基本淘汰，较少使用，以下仅做简单介绍。使用 RS232C 进行程序传输时，首先选择系统上的 RS232C 设置界面，如图 7-5 所示。

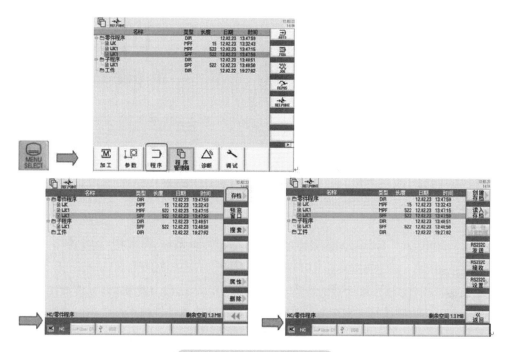

图 7-5 RS232C 设置界面

设置传输参数，如图 7-6 所示。

然后计算机端使用 WINPCIN 软件进行传输，传输文件的格式可直接从系统中先传出再更改，也可按如下示例的格式传输。

（1）传到主程序文件夹下的格式

```
%_N_WK1_MPF
;$PATH=/_N_MPF_DIR
;WK1_MPF
;2019-01-04 ZHOU
G54
G0 X100 Z100
G1 X50 F0.1
M30
```

（2）传到子程序文件夹下的格式

```
%_N_WK1_SPF
;$PATH=/_N_SPF_DIR
;WK1_SPF
;2019-01-04 ZHOU
G91
G0 X100 Z100
G1 X50 F0.1
M30
```

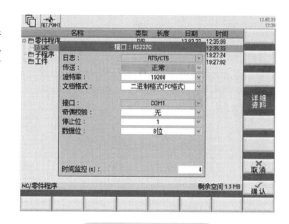

图 7-6 设置传输参数

附录
appendix

附录 A　SINUMERIK 828D 数控铣削系统基本指令查询

1. 准备功能

准备功能主要用来指令机床或数控系统的工作方式。SINUMERIK 828D 数控铣削系统的准备功能用地址符 G 和后面的数字表示。SINUMERIK 828D 数控铣削系统常用的准备功能代码见表 A-1。

表 A-1　SINUMERIK 828D 数控铣削系统常用的准备功能代码

序号	G 代码	组号	系统功能	模态 / 非模态
1	G0		快速点定位	模态
2	*G1	01	直线插补	模态
3	G2		顺圆插补	模态
4	G3		逆圆插补	模态
5	G4	00	延时暂停	非模态
6	CIP	01	通过中间点圆弧插补	模态
7	CT		带切线过渡圆弧	模态
8	G17		选择 XY 平面	模态
9	*G18	06	选择 ZX 平面	模态
10	G19		选择 YZ 平面	模态
11	G25	03	工作范围下限设定	非模态
12	G26		工作范围上限设定	非模态
13	G33		恒螺距的螺纹切削	模态
14	G34	01	变螺距、螺距增加	模态
15	G35		变螺距、螺距减小	模态
16	*G40		取消刀具半径补偿	模态
17	G41	07	刀具半径补偿：轮廓左边	
18	G42		刀具半径补偿：轮廓右边	
19	G53	09	取消零点偏置	非模态
20	G500	08	取消所有可设定框架	模态
21	G54 ~ G57		坐标系零点偏置	
22	G64	10	连续路径加工	模态

（续）

序号	G 代码	组号	系统功能	模态 / 非模态
23	G70	13	寸制尺寸	模态
24	G71		米制尺寸	
25	G74	2	返回参考点	非模态
26	G75		返回固定点	非模态
27	*G90	14	绝对尺寸	模态
28	AC			
29	G91		增量尺寸	模态
30	IC			
31	G94		直线进给速度，单位为 mm/min	模态
32	*G95		主轴进给量，单位为 mm/r	模态
33	G96		恒定切削速度	模态
34	G97		取消恒定切削速度	模态
35	*G450	18	圆角过渡拐角方式	模态
36	G451		尖角过渡拐角方式	模态
37	DIAMOF	29	半径量方式	模态
38	*DIAMON		直径量方式	模态
39	TRANS	框架指令	可编程序零点偏移	模态
40	ATRANS		附加的可编程序零点偏移	
41	SCALE		可编程序比例系数	
42	ASCALE		附加可编程序比例系数	
43	CYCLE81	孔加工固定循环	钻中心孔循环	
44	CYCLE82		钻削、铰孔循环	
45	CYCLE83		深孔钻削循环	
46	CYCLE840		攻螺纹循环	
47	CYCLE61	铣削循环	平面铣削	
48	POKET3		铣削矩形腔	
49	POKET4		铣削圆形腔	
50	CYCLE76		铣削矩形凸台	
51	CYCLE77		铣削圆形凸台	
52	CYCLE79		多边形	
53	SLOT1		纵向槽	
54	SLOT2		圆弧槽	
55	CYCLE899		铣削敞开槽	
56	LONGHOLE		长孔	
57	CYCLE70		螺纹铣削	
58	CYCLE60		雕刻循环	
59	CYCLE62	轮廓铣削	轮廓调用	
60	CYCLE72		轨迹铣削	
61	CYCLE63		轮廓腔铣削	
62	CYCLE64		预钻轮廓腔	

注：表中标有 * 记号的为系统开机通电默认状态。

2.进给功能

进给功能主要用来指令切削的进给速度。对于数控机床，进给方式可分为每分钟进给和每转进给两种，SINUMERIK 系统用 G94、G95 规定。

（1）每转进给指令 G95　在 G95（开机默认指令）状态（MD20150[14]=3 时）下，F 指令所指定的进给率进给量（C）单位为 mm/r。G95 为模态指令，只有输入 G94 指令后，G95 才被取消。

（2）每分钟进给指令 G94　在 G94 状态下，F 指令所指定的进给率（进给速度）单位为 mm/min。G94 为模态指令，即使断电也不受影响，直到被 G95 指令取消为止。

3.主轴转速功能

主轴转速功能主要用来指定主轴的转速，单位为 r/min。

（1）恒线速度控制指令 G96　G96 是接通恒线速度控制的指令。系统执行 G96 指令后，S 后面的数值表示切削线速度。用恒线速度控制铣削工件时，当刀具逐渐移近工件中心时，主轴转速会越来越高，工件有可能从卡盘中飞出。为了防止事故，必须限制主轴转速，SINUMERIK 系统用 LIMS 来限制主轴转速。例如，"G96 S200 LIMS = 2500"表示切削线速度是 200m/min，主轴转速限制在 2500r/min 以内。

（2）主轴转速控制指令 G97　G97 是取消恒线速度控制的指令。系统执行 G97 指令后，S 后面的数值表示主轴每分钟的转数。例如，"G97 S600"表示主轴转速为 600r/min，系统开机状态为 G97 状态。

4.刀具功能

刀具功能主要用来指令数控系统进行选刀或换刀，SINUMERIK 828D 系统用刀具号 + 刀补号的方式进行选刀和换刀。例如，"T2 D2"表示选用 2 号刀具和 2 号刀补。

注意：选刀或换刀指令并不表示实际的刀具运动。

5.辅助功能

辅助功能也称 M 功能，主要用来指令操作时各种辅助动作及其状态，如主轴的起、停，切削液的开关等。SINUMERIK 828D 系统中常见的 M 指令代码见表 A-2。

表 A-2　SINUMERIK 828D 系统中常见的 M 指令代码

M 指令	功能	M 指令	功能
M00	程序暂停	M05	主轴停转
M01	选择性停止	M06	自动换刀，适应加工中心
M02	主程序结束	M08	切削液开
M03	主轴正转	M09	切削液关
M04	主轴反转	M30	主程序结束，返回开始状态

附录 B　西门子工业级数控仿真软件 SINUTRAIN 的安装

1. SINUTRAIN简介

SINUTRAIN for SINUMERIK Operate 是一款优秀的西门子数控培训软件。这款软件基于个人计算机（见图 B-1），简单易用，深受客户认可。它基于真实的 SINUMERIK 数控内核，可完美地模拟系统的运行，适用于机床操作的学习和数控编程调试等，无论初学者还是专业人员，无论做加工规划还是培训，无论机床制造商还是机床销售人员，都能上手使用，并提供基本版的免费下载（注意：下载之前，请注册新用户或者登录您的账户）。

该软件下载方式如下：

图 B-1　西门子工业级编程仿真培训及离线调试软件 SINUTRAIN

第一步：登录 http://www.ad.siemens.com.cn/CNC4YOU/Home/EducationTraining。

第二步：在网站"搜索关键字"中输入"SINUTRAIN"，"栏目类别"为"全部"，单击搜索符号，如图 B-2 所示。

图 B-2　搜索

第三步：找到"下载 SINUTRAIN for SINUMERIK Operate V4.7 基本版"。

第四步："下载 SINUTRAIN for SINUMERIK Operate V4.7 基本版"。

2. SINUTRAIN安装要求（见表B-1）

表 B-1　SINUTRAIN 安装要求

SINUTRAIN for SINUMERIK Operate 版本	个人计算机 操作系统要求	个人计算机 硬件要求
V4.7 Ed.2-basic （基本版，无试用时间限制） V4.5 Ed.3-basic （基本版，无试用时间限制）	• MS Windows7 基础家用版、高级家用版，专业版、旗舰版、企业板（32/64bit） • MS Windows8/MS Windows8.1 专业版、企业版（32/64bit） • 不支持 MS Windows XP 平台 • Adobe Reader 及管理员权限	• CPU：2GHz 或更高 • 内存条：4GB • 硬盘容量：约 3GB（完整安装） • 显卡：DirectX9 或更高（带 WDDM1.0 驱动），分率最小 800×600 • 鼠标、键盘等
V4.5 Ed.2 （试用有效期为 60 天）	• MS Window XP 专业版、家用版 SP3 • MS Windows7 家用版、高级家用版、专业版、旗舰版、企业版（32/64bit） • Adobe Reader 及管理员权限	• CPU：2GHz 或更高 • 内存条：最小 1GB • DVD 光驱 • 硬盘容量：约 3GB（完整安装） • 鼠标、键盘等
V4.4 Ed.3 – WIN7 32/64bit （试用有效期为 60 天）	• MS Window XP 专业版、家用版 SP3 • MS Windows7 家用版、高级家用版、专业版、旗舰版、企业版（32/64bit） • Adobe Reader 及管理员权限	• CPU：2GHz 或更高 • 内存条：最小 1GB • DVD 光驱 • 硬盘容量：约 3GB（完整安装） • 鼠标、键盘等

3. SINUTRAIN安装步骤及问题

为方便介绍，以安装 Sinutrain for SINUMERIK Operate V4.7 Ed.2-Basic 版本软件为例进行介绍。在 Windows7 和 Windows8.1 操作系统下，安装 Sinutrain V4.7 Ed.2-Basic 非常简单，只需复制安装包到计算机 C 盘或 D 盘根目录下（提示：安装包存放路径不要有中文字符），双击安装包中的"setup. exe"图标，按照安装提示，依次进行安装即可。但经常会出现问题（见图 B-3），需要重启 Windows 系统，但即使系统重启后还是会出现一样的问题，反复重启也不能解决问题。

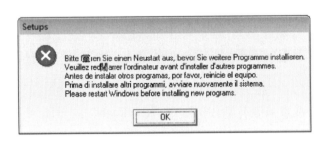

图 B-3　安装出现重启问题

其实，只要修改一下 Windows 的注册表就可以解决问题，如图 B-4 所示。

第一步，在 Windows 系统"开始"菜单中找到"运行"并单击。

第二步，打开运行界面，输入"regedit"后单击【确定】按钮，进入系统注册表。

第三步，按照路径 HKEY LOCAL MACHINE\SYSTEM\CurrentControl\SessionManager 找到"SessionManager"文件夹。

第四步，选中"Pendingfile Operations"项目并且单击鼠标右键，然后在弹出的菜单选项中选择"删除"，即可解决反复出现重启的问题。

图 B-4　解决步骤

附录 C　SINUMERIK 828D 数控铣削系统界面与功能

1. 熟悉 SINUMERIK 828D 数控铣削系统

（1）操作面板　操作面板处理单元控制键区、光标区功能按键功能，具体见表 C-1。

表 C-1　操作面板处理单元控制键区、光标区功能按键说明

按键	功能说明	按键	功能说明
MENU SELECT	调用基本菜单来选择操作区域	ALARM CANCEL	删除带此符号的报警和显示信息
1...n GROUP CHANNEL	通道切换	HELP	调用所选窗口中和上下文相关的在线帮助
PAGE UP / PAGE DOWN	在窗口中向上 / 向下翻一页	▲ ▼	光标控制键
SELECT	存在多个通道时，在通道间进行切换	NEXT WINDOW	窗口切换键：在窗口间进行切换；使用多通道视图或多通道功能时，在通道列内部的上下窗口之间进行切换
END	结束	INSERT	插入键：在插入模式下打开编辑区域，再次按下此键，退出区域并取消输入；打开选择区域并显示可进行的选择
INPUT	完成输入栏中值的输入 打开目录或程序	>	菜单扩展键，切换至扩展的水平菜单
∧	菜单返回键，返回至上一级菜单		

（2）机床控制面板　一般情况下可以为数控机床配备西门子机床标配型控制面板或者机床制造商提供的专用机床控制面板。通过机床控制面板可以向机床执行控制操作，如运行轴或者开始加工工件等。

本书以 MCP 483C PN（见图 C-1）和 MCP 310 PN（见图 C-2）为例，介绍机床控制面板操作和显示单元。

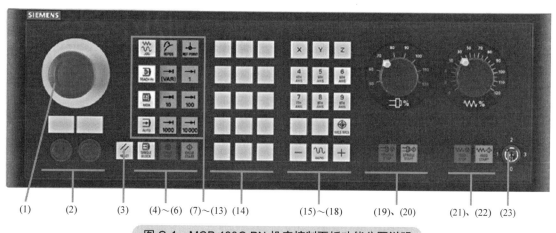

(1)　　(2)　　　(3)　　(4)～(6) (7)～(13) (14)　　　(15)～(18)　　(19)、(20)　　(21)、(22) (23)

图 C-1　MCP 483C PN 机床控制面板功能分区说明

图 C-1 所示键盘功能区示意说明（按分区号）见表 C-2。

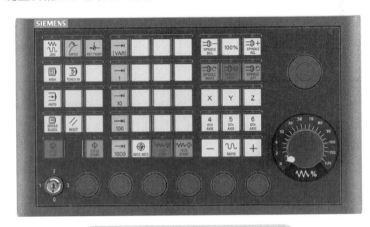

图 C-2　MCP 310 PN 机床控制面板

表 C-2　键盘功能区示意说明（按分区号）

按键	功能	按键	功能
（1）	急停键，在下列情况下按下此键：有生命危险时；存在机床或者工件受损的危险	（8）TEACH IN	【TEACH IN】键，选择子运行方式"示教"
（2）	指令设备的安装位置（$d = 16mm$）	（9）MDA	【MDA】键，选择运行方式"MDA"
（3）RESET	【RESET】复位键，中断当前程序的处理。NCK 控制系统保持和机床同步。系统恢复了初始设置，准备好再次运行程序。删除报警	（10）AUTO	【AUTO】键，选择运行方式"AUTO"
（4）SINGLE BLOCK	单段方式选择键，程序控制打开 / 关闭单程序段模式	（11）REPOS	【REPOS】键，再定位、重新逼近轮廓
（5）CYCLE START	NC 启动键，程序控制开始执行程序	（12）REF.POINT	【REF. POINT】键，返回参考点
（6）CYCLE STOP	NC 停止键，程序控制停止执行程序	（13）1 …… 10000	Inc（增量进给）键，用于设定的增量值 1，…，10000 运行
（7）JOG	【JOG】键，选择运行方式"JOG"	（14）	用户自定义键：T1 到 T15，例如刀库转动、冷却起停、工作灯选择键等

（续）

按键	功能	按键	功能
（15） X、 Y、 Z	运行轴，带快速移动倍率和坐标转换，轴按键，选择轴	（20） SPINDLE START	【SPINDLE START】键，起动主轴
（16）+、 -	方向键，选择运行方向	（21） FEED STOP	进给轴控制【FEED STOP】键，带倍率开关，停止正在执行的程序，停止进给轴驱动
（17） RAPID	【RAPID】键，同时按下方向键时快速移动轴	（22） FEED START	【FEED START】键，启动当前程序段的运行，进给轴加速到程序指定的进给速度
（18） WCS MCS	【WCS MCS】键，在工件坐标系（WCS）和机床坐标系（MCS）之间切换	（23）	钥匙开关（四个位置）
（19） SPINDLE STOP	【SPINDLE STOP】键，主轴停止，主轴控制，带倍率开关	（24） [VAR]	【VAR】（可变增量进给）键，以可变增量运行，增量值取决于机床数据

（3）系统功能界面　SINUMERIK 828D 数控铣削系统功能界面如图 C-3 所示。

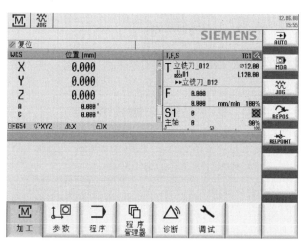

图 C-3　SINUMERIK 828D 数控铣削系统功能界面

1）基本操作的功能按键与对应显示的水平功能软键的关系如图 C-4 所示。

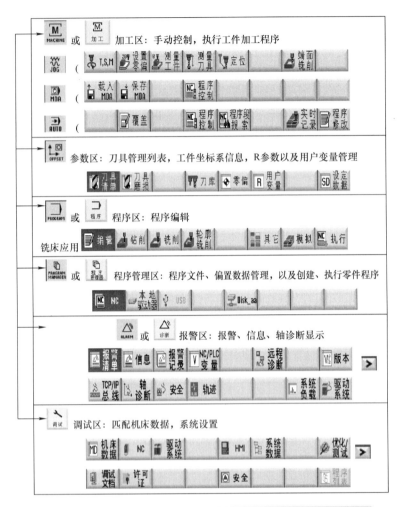

图 C-4　基本操作的功能按键与对应显示的水平功能软键的关系

2）系统快捷键。SINUMERIK 828D 数控铣削系统为提高信息输入速度，还允许使用快捷键方式对系统进行操作（见表 C-3）。

表 C-3　系统操作快捷键一览

Ctrl+P	屏幕截屏，并将它保存为文件
Ctrl+L	依次切换操作界面上所有已安装语言
Ctrl+C	复制
Ctrl+X	粘贴
Ctrl+V	插入，将文本从剪贴板中粘贴至当前的光标位置，或将文本从剪贴板中粘贴至选中的文本位置
Ctrl+Y	重复插入（编辑功能），最多可撤销 10 次修改

（续）

快捷键	功能
Ctrl+Z	取消，最大 5 行（编辑功能）
Ctrl+A	全选（仅在程序编辑器和程序管理器中）
Ctrl+ [NEXT WINDOW]	返回程序开头
Ctrl+ END	返回程序结尾
Ctrl+Alt+S	保存完整备份数据 NCK/PLC/ 驱动 /HMI，在 SINUMERIK 828D 系统的外部数据存储器（USB 闪存驱动器）上创建完整的 Easy Archive 存档（.ARC）
Ctrl+Alt+D	保存记录文件至 U 盘或 CF 卡，将日志文件保存到 USB 闪存驱动器上。如果没有插入 USB 闪存驱动器，则文件会被保存到 CF 卡的制造商区域中
Shift + [INSERT]	直接编辑编程向导 programGuide 工艺循环语句
"="	激活口袋计算器
▲ ▶ ▼ ◀	在程序模拟或实时记录时移动视图
Shift + ▲ / ▼	旋转 3D 视图（程序模拟 / 实时记录）
▲ / ▼	在程序模拟或实时记录时移动窗口
Ctrl + ▲ / ▼	倍率 + / –（程序模拟）
Ctrl + S	在模拟中启用 / 关闭"单程序段"
Ctrl + F	激活查找功能。在 MDA 编辑器与程序管理器中载入和保存数据时，该快捷键打开机床数据表和设定数据表，在系统数据中打开搜索对话框。
Alt + S	激活中文输入
Ctrl+ E	Control Energy 打开节能界面
Ctrl+ G	程序模拟画面激活栅格显示
Ctrl+ M	最大程序模拟速度
Shift + END	标记到本程序段结尾
Shift + [NEXT WINDOW]	标记到本程序段开头
Alt+ [NEXT WINDOW]	返回本程序段开头
END	返回本程序段结尾

3）屏幕界面信息的区域划分。SINUMERIK 828D 数控系统显示屏幕的信息内容按照区域划分的方式将数控程序指令、运行参数或报警信息等内容显示给操作者，如图 C-5 所示。

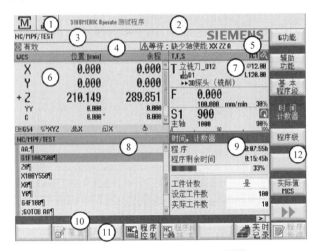

图 C-5　屏幕界面信息显示分区

1—有效操作区域和操作模式　2—报警 / 信息行　3—程序名和程序路径　4—通道状态和程序控制
5—通道运行信息　6—实际值窗口中的轴位置显示　7—T、F、S 信息　8—加工窗口，带程序段显示
9—辅助信息窗口　10—用于传输其他用户说明的对话行　11—水平软键栏　12—垂直软键栏

图 C-2 中的各个分区功能说明如下：

① 有效操作区域和操作模式。

有效操作区：🅼 📺 ⊐ 🗐 △ 🔧。

操作模式：🅹🅾🅶 🅰🆄🆃🅾 🅼🅳🅰 Teach in REPOS REF POINT。

② 报警 / 信息行。

700001 ↓ PLC 没有 OFF1　NC 或 PLC 信息，信息编号和文本都以黑色字体显示。箭头表示存在多个有效的信息。

8080 ↓ 已经设置了7个选项，并且没有输入许可证密码　报警显示，会在红色背景下以白色字体显示报警编号，相应的报警文本则以红色字体显示。箭头表示存在多个有效的报警。确认符号表示可以确认报警或者删除报警。

SINUMERIK Operate 测试程序 来自 NC 程序的信息。来自 NC 程序的信息没有编号，以绿色字体显示。

③ 当前选择执行的程序名和程序路径，如 NC/MPF/EXAMPLE。

④ 通道状态和程序控制。

⫻复位：使用 "Reset" 中断程序。

◈有效：正在处理程序。

◉中断：用 "Stop" 中断程序。

SB1 SKP M01 RG0 DRY PRT：显示有效的程序控制：PRT 表示没有轴运行，程序测试模式；DRY 表示空运行进给；RG0 表示快速移动减速；M01 表示编程停止 1；M101 表示编程停止 2（名称可变）；SB1 表示单程序段粗（仅在结束执行加工功能的程序段后程序停止）；SB2 表示运算程序段（结束每个程序段后程序停止）；SB3 表示单程序段精（在循环中，仅在结束执行加工功能的程序段后程序停止）。

⑤ 通道运行信息。

⚠ 停止：需要操作，如 ⚠停止：M0/M1 生效 。

🕐 等待：不需要操作。

⑥ 实际值窗口中的轴位置显示。

WCS WCS/ **MCS** MCS：所显示的坐标可以参照机床坐标系或者工件坐标系。通过软键 实际值MCS 在机床坐标系 MCS 与工件坐标系 WCS 之间进行显示切换。

位置：所显示轴的位置。

余程：程序运行中显示当前 NC 程序段的剩余行程。

Repos 偏移：显示手动方式下已运行的轴行程差值。只有在子运行方式 "Repos" 下可以显示此信息。

◼ ：夹紧回转轴。

田G54 ◊XYZ ⚠X ⊡X ♌ ：显示当前激活的工件坐标系以及转换功能。

⑦ T、F、S 窗口显示以下内容：

• 有效刀具 T 立铣刀_D12：当前刀具的名称 D1：当前刀具的刀沿号为 D ⚒：相应刀沿位置显示的刀具类型符号 ▶▶3D探头（铣削）：预选刀具的名称，在 ISO 模式下会显示 H 编号，而不是刀沿号 ∅12.00 中 φ 为当前刀具的直径（或 R，当前刀具半径） L120.00：当前刀具长度	• 当前进给率 F ⤬：禁止进给 100.000：进给率实际值 100.000 mm/min：若有多个轴运行，则在 "JOG" 模式中显示运行轴的轴进给率，在 "MDA" 和 "AUTO" 模式中显示编程的轴进给率 快速移动：G0 有效 0.000：没有进给被激活 30%：倍率，以百分比显示
• 当前状态的生效主轴（S） S1主轴：S1 主轴选择，以主轴编号和主轴标识 900：转速实际值（主轴旋转时，显示字体较大） 1000：转速设定值（始终显示，定位时也显示） 90%：倍率，以百分比显示	主轴状态以符号显示： ⊟：主轴未释放 ↻：主轴顺时针旋转 ↺：主轴逆时针旋转 ⊠：主轴静止 • 主轴负载，以百分比表示

⑧ 加工窗口，带程序段显示。在当前程序段显示的窗口中可以看到目前正在处理的程序段。在运行的程序中，操作者可以获得以下信息：标题行中为工件或者程序名，正在处理的程序段显示为彩色。

⑨ 辅助信息窗口。显示有效 G 功能、辅助功能，以及用于不同功能的输入窗口，程序段搜索、程序控制。

⑩ 用于显示其他用户说明或提示信息，如 "待生成程序的名称尚未输入"。

⑪ 水平软键栏。

⑫ 垂直软键栏。

⑬ 系统时间显示，如果当前有报警 / 信息显示，系统时间会被覆盖。

2. 机床设置和手动功能

（1）手动方式（JOG）功能概览　在手动方式下，借助各种水平软键提供的功能可以轻松实现机床加工前的辅助工艺条件设置（准备）工作，如更换所选刀具、主轴旋转、激活指定零偏、设置零偏、工件找正、对刀、毛坯正式加工前端面预铣削等。只需要设定简单的数据，按下

【循环启动】键即可快速便捷地完成各项功能，缩短辅助工艺准备所需时间。

（2）T、S、M 窗口　在手动方式下单击软键【T,S,M】，在弹出的 T,S,M 界面中通过对话框的参数选择或输入即可轻松完成加工准备工作，如进行刀具更换、主轴旋转、激活工件坐标系等，如图 C-6 所示。

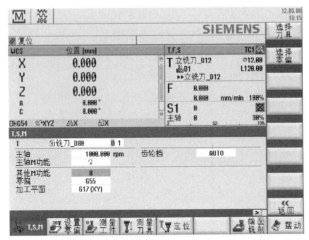

图 C-6　JOG 操作方式下的 T，S，M 界面

T，S，M 窗口中的输入栏或选择项目的内容说明如下：

T：用于输入刀具名称或刀位号，也可以通过软键【选择刀具】从刀具表中选择刀具。

D：用于输入所选刀具的刀沿号（1~9）。

主轴：用于输入主轴转速。

齿轮档：用于齿轮级的确定（自动，I~V）。

主轴 M 功能：用于选择主轴的旋转方向，顺时针转动为 M3，逆时针转动为 M4。

其他 M 功能：用于输入其他机床控制功能，如切削液的开 / 关。

零偏：零点偏移的选择（基准，G54~G59）。通过软键【选择零偏】可以从可调零点偏移列表中选择编程的零点偏移编号。

加工平面：选择加工平面 G17（XY），G18（ZX），G19（YZ）。

计量单位：尺寸单位的选择（in/mm）。此处所做的设置会影响到编程（通过机床数据 MD52210 BIT0=0 显示）。

可以在手动方式下通过输入刀具名称或位置编号选择刀具，也可以利用【选择刀具】软键进入刀具表中直接选择已经输入的刀具。如果输入一个数字，会先搜索名称，然后再搜索位置编号。也就是说，如果输入 "5"（不存在以 "5" 为名称的刀具）时，就会选择位置编号为 "5" 的刀具。用这种位置编号方式，也可以将刀库中的空闲位置转到加工位置，然后很方便地安装新刀具。

更换刀具操作步骤如下：

1）选择加工区。

2）选择 "JOG" 运行方式。

3）按下软键【T,S,M】。

4）直接输入刀具的名称或 T 号，或者按下软键【选择刀具】打开刀具列表，移动光标键定位至所需刀具，如图 C-7 所示。

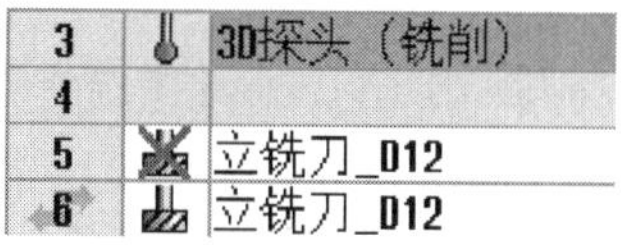

3		3D探头（铣削）
4		
5		立铣刀_D12
6		立铣刀_D12

图 C-7　选择刀具

5）按下软键【选择刀具】，该刀具名称将自动输入到"T, S, M... 窗口"中的刀具参数"T"一栏中。

6）选择刀沿 D 或直接在"D"栏中输入编号。

7）按下【循环启动】键，执行换刀操作。

（3）设置零点偏移　在当前有效的零点偏移（如 G54）中，可以在各轴实际值显示中为单个轴输入一个新的位置值，偏置值直接输入 G54 坐标系。

机床坐标系 MCS 中的位置值与工件坐标系 WCS 中新位置值之间的差值会被永久保存在当前有效的零点偏移（如 G54）中。例如，当前已经激活 G54 坐标系并选择显示 WCS 工件坐标系，将 X、Y、Z 轴分别移动到工件零点处，按下软键【设置零偏】，选择软键【X=Y=Z=0】，系统自动将当前位置设置为 G54 坐标系的零点，如图 C-8 所示。

前提条件：控制系统处于工件坐标系中，并且实际值在复位状态中设置。

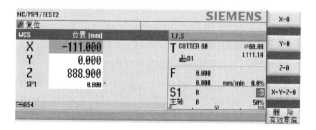

图 C-8　设置零点偏移的操作设置

说明：如果在系统中断状态下，当前激活的工件坐标系 ZO 偏置值输入了新的实际值，那么这一修改只有在程序继续运行后才会显示并生效。

（4）轴定位　轴定位是指能够快速精准地完成各轴定位。

可以同时将一个或多个轴按照定义的进给速度或快速移动运行到指定的目标位置，来进行简单的加工。进给修调 / 快进修调在移动过程中有效。

例如，手动方式下选择软键【定位】，输入 F=2000, X=0, Y=0, Z=10，按下【循环启动】键，各轴以 2000mm/min 的速度运行到当前激活坐标系的 X0, Y0, Z10 位置，如图 C-9 所示。

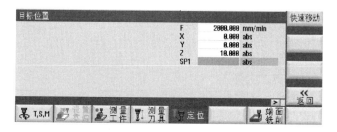

图 C-9　轴定位的操作设置

（5）刀具测量　手动测量刀具的过程如下：单击功能按键【基本菜单选择】，选择按键 ![]→ ![JOG] → ![测量刀具]（![手动长度] 或 ![手动半径]）。

在手动测量时，手动将刀具移动到一个已知的参考点，用来测出刀具长度和半径或者直径。然后，控制系统通过刀架参考点的位置以及参考点的位置计算刀具补偿数据。测量结果将直接输入所选择的刀具、刀沿号 D 和备用刀具编号 ST 到补偿数据中。

在测量刀具长度时既可以使用工件，也可以使用机床坐标系中的一个固定点来作为参考点，例如，一个机械测压计或者一个与长度量规相连的固定点。

在确定半径 / 直径时，总是使用工件作为参考点。通过机床数据可以确定所测量的是刀具半径还是直径。

1）手动测量刀具长度步骤说明

① 更换需要测量的刀具到主轴。

② 单击功能按键【基本菜单选择】。

③ 选择按键 ![] → ![JOG] → ![测量刀具] → ![手动长度] 。

④ 选择刀沿号 D 和备用刀具编号 ST。

⑤ 选择参考点类型，并输入参考点的坐标值 Z0（如当前位置为 Z=2）。

⑥ 移动刀具并逼近已知的机床参考点，如工件的上沿 Z2 的位置。

⑦ 按下【设置长度】软键，刀具长度将自动计算并输入刀具列表中对应的刀具补偿值，如图 C-10 所示。

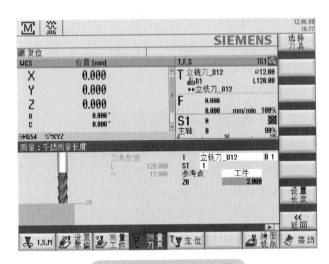

图 C-10　刀具长度的测量

说明：只能对激活的刀具进行刀具测量。该功能不支持对 3 测头类刀具进行测量。

2）手动测量刀具半径或直径步骤说明

① 更换需要测量的刀具到主轴。

② 单击功能按键【基本菜单选择】。

③ 选择按键 ![] → ![JOG] → ![测量刀具] → ![手动长度] → ![手动半径] 。

④ 选择刀沿号 D 和备用刀具编号 ST。

⑤ 选择参考工件测量轴，并输入参考工件测量轴的坐标值。

⑥ 移动刀具并逼近已知的机床参考点，如工件的上沿。

⑦ 按下【设置直径】软键，刀具半径或直径将自动计算并输入刀具列表中对应的刀具补偿值，如图 C-11 所示。

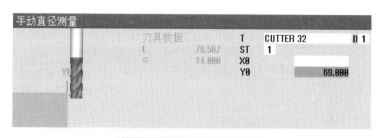

图 C-11　刀具直径的测量

（6）工件测量

1）手动工件的测量步骤：选择按键 □ → □ → □ → □ 测量工件，如图 C-12 所示。

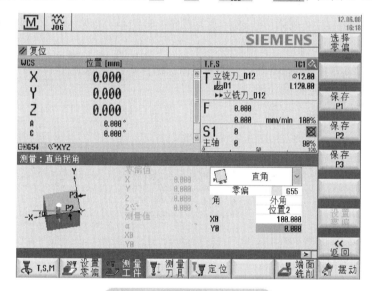

图 C-12　手动测量工件界面

2）工件测量方式。工件测量的方式有以下几种：

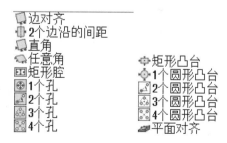

以手动方式将刀具逼近工件，利用已知半径与长度的寻边器、测量块或者指针测量仪，或任意已知半径与长度的参考刀具。用于测量的参考刀具不允许为 3D 测量头。常用的测量方式说明见表 C-4。

表 C-4　常用的测量方式说明

软键标志	含 义	说 明
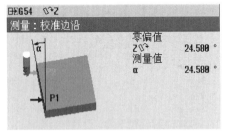	设置边	在工作台上，工件与坐标系平行。在（X、Y、Z）中的一条轴上测量一个参考点
	测量边沿：边对齐	工件任意放置，即在工作台上不与坐标系平行。通过测量操作者所选工件基准边沿上的两点，得出与坐标系的夹角
	测量直角	需要测量的工件拐角有一个 90° 的内角，随意夹装在工作台上。测量 3 个点后，操作者可以确定工作平面中的拐角点（即角面的交点）、工件基准边（穿过 P1 和 P2 的直线）和基准轴（加工平面中的几何轴 1）的夹角 α
	测量 1 个圆形腔	需要测量钻孔的工件随意装夹在工作台上。在这一个钻孔中自动测量 4 个点，并由此计算出钻孔的中心点
	测量 1 个圆形凸台	工件任意放置在工作台上，并且带有圆形凸台。通过 4 个测量点可以测出凸台的直径和中心点

前提条件：手动测量工件零点时，将任意刀具插入主轴中，进行对刀；自动测量工件零点时，将电子工件测量头插入到主轴中，并激活测量头。

3）边对齐测量方式。边对齐（校准边沿）的操作步骤如下：

① 更换参考刀具或寻边器到主轴。

② 选择按键 → → 测量工件 → ，如图 C-13 和图 C-14 所示。

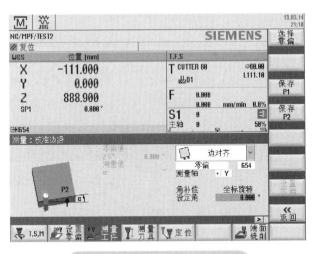

图 C-13　测量工件——校准边沿　　　　图 C-14　测量工件——边对齐

③ 选择测量值处理方式：按软键【仅测量】或【零偏】保存到指定零偏（如 G54）。

④ 按软键【选择零偏】进入零偏列表，移动光标选择指定的零点偏移，然后按软键【选择零偏】重新返回到测量窗口。

⑤ 在测量轴中选择需要的轴以及测量方向（＋或－）。

⑥ 输入工件边沿与基准轴之间的设定角 α。

⑦ 手动移动刀具到工件边沿测量位置 1，按下软键【保存 P1】。

⑧ 手动移动刀具到工件边沿测量位置 2，按下软键【保存 P2】。

⑨ 按软键【设置零偏】，计算后显示工件边沿与基准轴的夹角 α，并激活相应零偏及旋转角度。

4）设置工件零点。可以用手动或自动方式测量工件零点。手动测量可以采用 ▣ "设置边"方式。设置边的操作步骤如下：

① 更换参考刀具或寻边器到主轴。

② 选择按键 ⌾ → ⌾ → ⌾ → ▣ 。

③ 选择测量轴（如 Z 轴）： x 或 y 或 z 。

④ 选择测量值处理方式：按软键【仅测量】或【零偏】保存到指定零偏（如 G54）。

⑤ 输入工件上平面位置在 G54 坐标系的设定值，如 Z0 = 0。

⑥ 手动移动刀具到工件上平面位置，按软键【设置零偏】，系统自动计算后将当前 Z 轴位置偏置值输入到 G54 坐标系中，并显示工件测量轴的边沿测量值，同时当前激活的 G54 坐标系 Z 轴位置显示变为 0，如图 C-15 所示。

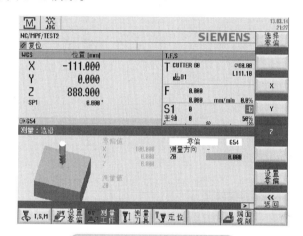

图 C-15　设置工件零点操作

3.刀具管理

SINUMERIK 828D 数控系统标配有机床刀具管理功能，包含刀具清单、刀具磨损、刀库三个列表。

在现代数控系统中，推荐采用机床刀具管理功能的"管理型"实施对刀具参数和使用寿命等情况的实时控制。这是因为"管理型"功能更强调机床操作者将所选择的刀具信息数据输入数控系统的刀具补偿存储器中，在执行 NC 程序时供数控系统内部计算刀具运行轨迹和对刀具运行状况进行监控。例如，输入立铣刀的齿数、刀具半径（编程时只要输入刀具厂商提供的经验值或推荐值）、刀具切削速度、每齿进给量等，数控系统便会会自动完成如转速或进给速度等参数的计算与控制，而无须编程员和操作者更多地介入。

（1）铣加工刀具类型

1）刀具类型的常用信息。SINUMERIK 828D 数控系统的铣削加工刀具被分为各种刀具类型。每种刀具类型都被分配了一个 3 位的编号，在系统的刀具参数界面上都有一个图符表示其外形特征。按照表 C-5 列出的组别所用的工艺特征为刀具类型分配第一个数字。

2）预置的刀具类型与名称。在创建新刀具时，系统会提供多个刀具类型选项。刀具类型决定了需要哪些几何数据以及如何计算这些数据。SINUMERIK 828D 数控系统预置了一些刀具类型供操作者选择，如图 C-16~ 图 C-19 所示。

表 C-5 刀具组类型

刀具类型	刀具组
1xy	铣刀
2xy	钻头
3xy	备用
6xy	备用
7xy	专用刀具，如探头、切槽锯片

新建刀具 - 收藏

类型	标识符	刀具位置
120	立铣刀	
140	面铣刀	
200	麻花钻	
220	中心钻	
240	螺纹丝锥	
710	3D探头（铣削）	
711	寻边探头	
110	圆柱形球头模具铣刀	
111	圆锥形球头模具铣刀	
121	带倒角立铣刀	
155	截锥铣刀	
156	带倒角截锥铣刀	
157	圆锥形模具铣刀	

图 C-16 刀具列表举例

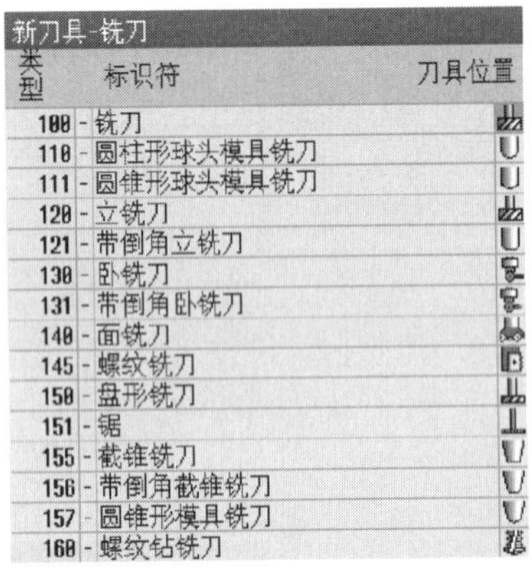

新刀具-铣刀

类型	标识符	刀具位置
100	铣刀	
110	圆柱形球头模具铣刀	
111	圆锥形球头模具铣刀	
120	立铣刀	
121	带倒角立铣刀	
130	卧铣刀	
131	带倒角卧铣刀	
140	面铣刀	
145	螺纹铣刀	
150	盘形铣刀	
151	锯	
155	截锥铣刀	
156	带倒角截锥铣刀	
157	圆锥形模具铣刀	
160	螺纹钻铣刀	

图 C-17 "铣刀"窗口提供的刀具类型

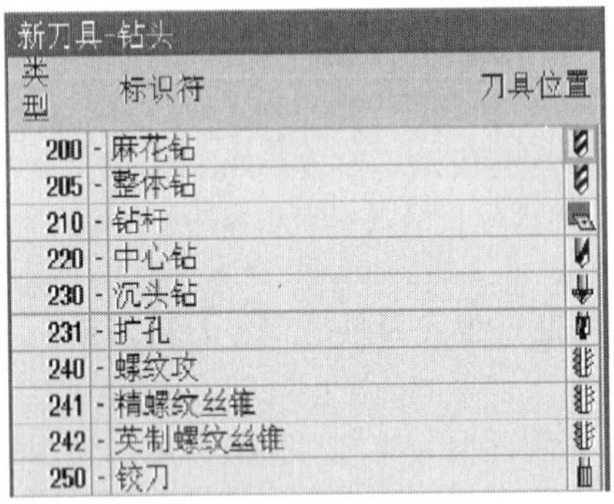

新刀具-钻头

类型	标识符	刀具位置
200	麻花钻	
205	整体钻	
210	钻杆	
220	中心钻	
230	沉头钻	
231	扩孔	
240	螺纹攻	
241	精螺纹丝锥	
242	英制螺纹丝锥	
250	铰刀	

图 C-18 "钻头"窗口提供的刀具类型

新刀具-特种刀具

类型	标识符	刀具位置
700	槽锯	
710	3D探头（铣削）	
711	寻边探头	
712	单向探头	
713	L形探头	
714	星形探头	
725	校准刀具	
730	挡块	
900	辅助刀具	

图 C-19 "特种刀具"窗口提供的刀具类型

（2）刀具清单列表 刀具清单列表（简称刀具表）中显示了创建、设置刀具时必需的所有工艺参数和功能。每把刀具可以通过刀具名称和备用刀具编号进行识别，如图 C-20 所示和表 C-6。

刀具列表中显示了在系统中创建或配置的所有刀具和刀库位置（刀位）。所有列表都按照同样的顺序排列相同刀具。因此，在列表间切换时，光标将停留在同一个刀具上。列表之间的区别在于显示的参数和软键的布局。在列表间切换可以根据需要从一个主题（水平软键）切换到下一个主题。

刀具清单：显示所有用于创建和设置刀具的参数和功能。

刀具磨损：此处包含了持续运行中必需的所有参数和功能，例如磨损和监控功能。

刀库：此处包含了和刀具 / 刀库相关的参数以及刀具 / 刀库位置的功能。

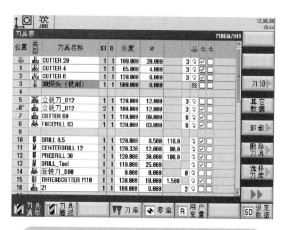

图 C-20　刀具表界面显示的刀具参数情况

表 C-6　刀具表中各符号含义说明

符号	含义说明
位置	刀库位置号，若只有一个刀库，则只显示刀位号 ：绿色双箭头，表示当前刀具位置或刀具处于换刀位 ：灰色双箭头，表示刀库位置位于加载位置上 ✕：红色叉，表示当前刀具位置被禁用
类型	根据刀具类型（表示为符号）显示确定的刀补数据，可通过【SELECT】键更改刀具类型 □：绿色方框，表示该刀具为预选刀具 ✕：红色叉，表示刀具被禁用 ▽：黄色三角形，尖端向下，刀具达到预警极限 △：黄色三角形，尖端向上，刀具处于特殊状态中 将光标置于该标记处，工具栏提供简短说明
刀具名称	刀具通过其名称和姐妹刀具号加以标识，名称可以为文字或编号。刀具名称的最大长度为 31 个 ASCII 字符。当使用亚洲字符或 Unicode 字符时，字符数要相应减少。不允许使用下列特殊字符："|"、"#"、"""" 和 "."
备用刀具编号	ST 备用刀具编号用于备用刀具方案
D	刀沿号 D，每把刀最多可创建 9 个刀沿
长度	刀具长度
⌀	刀具半径或直径，可以通过机床数据 MD 设置直径或半径
刀尖角度　螺距	钻削类刀具的刀尖角或丝锥的螺距，指刀具型号 200（麻花钻）、型号 220（中心钻）和型号 230（尖头锪钻）的刀尖角，刀具型号 240（丝锥）时的螺纹螺距
N	所有类型的铣削刀具的刀齿数
⬒	主轴旋转方向，该参数只有在激活 ShopMill 工步程序选项功能后才显示
⥄ ⥄	切削液 1 和 2 的开启状态（例如内部冷却和外部冷却），该参数只有在激活 ShopMill 工步程序选项功能后才显示
M1~M4	其他刀具专用功能，比如附加的切削液供给、转速监控、刀具损坏等。该参数只有在激活 ShopMill 工步程序选项功能后才显示

主要刀具外形尺寸如图 C-21~ 图 C-24 所示。

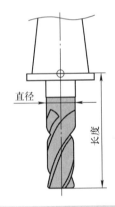

图 C-21　立铣刀（120 型）

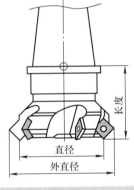

图 C-22　面铣刀（140 型）

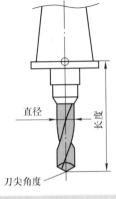

图 C-23　钻头（200 型）

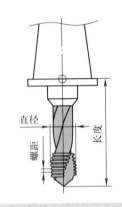

图 C-24　丝锥（240 型）

（3）创建新的刀具　创建新刀具的步骤如下：

1）单击【MENU SELECT】按钮，打开刀具列表：　→ 。

2）将光标移动到期望的空刀位或装载空刀位。

3）按下 软键，自动进入收藏刀具类型列表，如收藏刀具类型列表中没有要创建的刀具类型，根据需要按下软键 、 或者 显示更多类型选择，如图 C-25 所示。

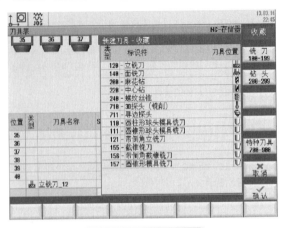

图 C-25　创建新刀具

4）移动光标键，选择对应的刀具类型，如 140 类型，面铣刀。

5）按下【确认】软键，根据所选刀具类型自动生成预定名称，按【INPUT】键，将该刀具收入刀具列表中。

（4）装载刀具　在刀具清单列表中，可以将 NC 存储器中的刀具（没有对应位置号的刀具）装载到刀库中指定的空刀位或主轴上，如图 C-26 所示。

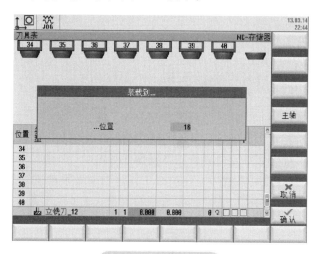

图 C-26　装载刀具

装载刀具的操作步骤如下：

1）单击"MENU SELECT"按钮，打开刀具表：████ → ████刀具清单。

2）将光标移动到需要装载的刀具（位置参数栏没有数字的刀具）处，如面铣刀：████ 面铣刀　1 1　0.000。

3）按【装载】软键，系统自动推荐一个空刀位，也可以输入指定的空刀位，如 16，按【确认】软键，装载刀具 ████。

（5）刀库列表　在刀库列表中显示有刀具及其与刀库相关的数据。此处可以根据需要进行和刀库以及刀位相关的操作。刀库列表如图 C-27 所示。

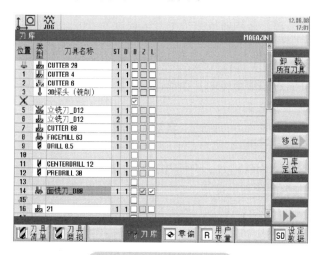

图 C-27　刀库列表界面

各个刀位可以为刀具进行位置编码，或者设置禁用。刀库列表中的前5列刀具数据的内容与刀具清单列表中的一致，请参考"刀具清单列表"中的说明，下面只列举说明与刀库、刀库位置相关的内容。

D：禁用刀位。刀位类型：显示刀具具有哪种位置类型。

Z：刀具标记为"超大"。普通刀具占据了刀库中的一个左半刀位、一个右半刀位。例如，刀库相邻刀位的距离为120mm，如果是 ϕ140mm 的面铣刀，需要将此刀具设置为超大刀具，占据刀库中的两个左半刀位、两个右半刀位。只能对没有装载到刀库中或主轴上的刀具进行大尺寸刀具设置。

L：固定位置编码，用于将刀具固定分配到一个刀位。

4.加工工件的试切准备

在进行工件试切之前，对加工工艺过程要有充分的了解，对编制的加工程序进行细致检查并进行模拟加工，运行无误后可以开始进行工件的试切加工。

在开始工件实物试切加工前，必须执行以下操作任务：

（1）返回参考点　打开控制系统后，在执行工作计划或者手动进给前必须使机床回参考点（针对配置增量编码器的数控铣床）。由于回参考点的设置取决于机床类型和机床制造商，因此这里仅列出一些一般注意事项：

1）根据机床制造商的说明精确地执行回参考点。

2）必要时可以将刀具移动至工作区域中的某一位置，确保从此位置出发可向各个方向安全运行。

（2）润滑机床主轴及导轨　以较低转速起动机床主轴运转约10min。起动机床导轨润滑运行程序，润滑导轨约10min。

（3）夹紧工件　为了确保加工尺寸的准确和生产安全，必须将工件牢牢夹紧。

（4）正确安装刀具　为了确保加工尺寸准确和生产安全，必须正确安装刀具并夹固好。

（5）调出加工程序　在程序管理器中选择需要加工的程序并打开，如 TJZ_01.MPF。

（6）设置工件零点　在 Z 轴上确定工件零点。在 Z 轴上大多通过将计算过的刀具对刀来测定工件零点。核对系统中坐标系零点中的存储数值是否与加工程序所编制的代号吻合。

（7）机床已就绪，工件已设定，刀具已找正后还要执行的操作

1）因为零件尚未加工过，必须将进给倍率开关设置为"0"，从而保证在开始时一切都在控制中。

2）将铣床主轴转速控制开关选择在合适的倍率位置

3）如需在加工的同时查看模拟视图，必须在启动加工程序前选择软键实时记录，随后才会同时显示所有的进给路径及其效果图。

4）首先，选择单步加工模式进行试切，启动加工程序后，每运行一步都要核对下一步的坐标位置，以免发生碰撞。

（8）执行试切加工　启动加工程序，开始加工，并使用进给倍率开关调整刀具移动的速度。

（9）检测　试切加工后测量加工尺寸，看其是否符合工艺尺寸或图样尺寸要求。

附录 D　变量与数学函数

1. 运算形式

（1）数值计算　表达式运算是现代数控系统指令表达的一种常用方法。在数值计算中既有常量计算，也有 R 参数和实数型变量计算，计算时也遵循通常的数学运算规则。同时，整数型和字符型数值间的计算也是允许的。运算形式见表 D-1。

表 D-1　常用的运算形式

计算符号	含义	编程示例	说明
+	加法	R1=20+32.5	R1 等于 20 与 32.5 之和（52.5）
−	减法	R3=R2−R1	R3 等于 R2 的数值与 R1 的数值之差
*	乘法	R4=0.5*R3	R4 等于 0.5 乘以 R3 数值
/	除法	R5=10/20	R5 等于 10 除以 20 数值类型为：INT/INT=REAL
DIV	除法	3 DIV 4 = 0	用于数值类型为整数型和实数型
MOD	取模除法	3 MOD 4 = 3	仅用于 INT 型，提供一个 INT 除法的余数
<<	连接运算符	"X 轴的位置" << R12	输出含变量 R12 的提示信息
:	级联运算符	RESFRAME=FRAME1:FRAME2	

注：为与实际编程一致，表中量的符号仍使用正体。

（2）比较运算　可以用来表达某个跳转条件。完整的表达式也可以进行比较。比较函数可用于 CHAR、INT、REAL 和 BOOL 型的变量。对于 CHAR 型变量，则比较代码值。对于 STRING、AXIS 和 FRAME，可以为 == 和 <>。比较运算的结果始终为 BOOL 型。比较运算的结果有两种：一种为"满足"，该运算结果值为 1；另一种为"不满足"，该运算结果值为 0。

在 SINUMERIK 828D 或 828D BASIC 数控系统中，逻辑比较运算经常出现在程序分支的程序语句判断中。所用的逻辑比较运算符号见表 D-2。

表 D-2　逻辑比较运算符号

运算符号	意义	运算符号	意义
<>	不等于	==	等于
>	大于	>=	大于或等于
<	小于	<=	小于或等于

注：在布尔的操作数和运算符之间必须加入空格。

比较运算符编程格式：

IF R10>=100 GOTOF 目标

或

R11=R10>=100　　　；R10>=100 的比较结果首先存储在 R11 中

IF R11 GOTOF　目标

（3）逻辑运算　用来将真值联系起来。逻辑运算只能用于 BOOL 型变量。通过内部类型转换也可将其用于 CHAR、INT 和 REAL 数据类型，见表 D-3。

表 D-3　逻辑运算符号

运算符号	意义	运算符号	意义
AND	与	NOT	非
OR	或	XOR	异或

逻辑运算符编程格式：

IF (R10<50) AND ($AA_IM[X]>=17.5) GOTOF 目标

或

IF NOT R10 GOTOB START

NOT　　　；只与一个运算域有关

（4）逐位逻辑运算　使用 CHAR 和 INT 型变量也可进行逐位逻辑运算。运算中，变量的类型转换自动进行，见表 D-4。

表 D-4　逐位逻辑运算符号

运算符号	意义	运算符号	意义
B_AND	位方式"与"	B_NOT	位方式"非"
B_OR	位方式"或"	B_XOR	逐位式"异或"

逐位逻辑运算符编程格式：

IF $MC_RESET_MODE_MASK B_AND 'B10000' GOTOF ACT_PLANE

（5）运算的优先级　每个运算符都被赋予一个优先级，如乘法和除法运算优先于加法和减法运算。在计算一个表达式时，有高一级优先权的运算总是首先被执行。在优先级相同的运算中，运算由左到右进行。在算术表达式中，可以通过圆括号确定所有运算的顺序并且由此脱离原来普通的优先计算规则（圆括号内的运算优先进行）。

运算的顺序从最高到最低优先级见表 D-5。

表 D-5　运算的顺序优先级

顺序优先级	逐位逻辑运算符	说明
1	NOT, B_NOT	非，位方式非
2	*, /, DIV, MOD	乘，除
3	+, −	加，减
4	B_AND	位方式"与"
5	B_XOR	位方式"异或"
6	B_OR	位方式"或"
7	AND	与
8	XOR	异或
9	OR	或
10	<<	字符串的链接，结果类型：字符串
11	==, <>, >, <, >=, <=	比较运算符

注：级联运算符"："在表达式中不能与其他的运算符同时出现，因此这种运算符不要求划分优先级。

2.常用的算术函数

在 SINUMERIK 828D 数控系统中，提供了较为丰富的初等数学函数计算功能供编程时使用。在不同的数控系统中用于定义函数的符号也不相同。正确理解和使用好这些函数计算功能，对完成手工编写加工程序，特别是对参数编程和制作用户铣削循环指令帮助很大。

数控编程中涉及的常用运算函数见表 D-6 和表 D-7。

（1）三角函数　在 SINUMERIK 828D 系统中，三角函数用直角三角函数定义，角度的计算单位是十进制度。以图 D-1 所示直角三角形为例，设角 α 用系统中的 R 参数表达，如用 R1 表示。三角函数计算关系式见表 D-6。

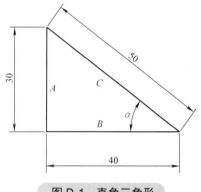

图 D-1　直角三角形

表 D-6　常用的三角函数表达关系式

计算符号	含义	编程示例	说明
SIN( )	正弦	R2=SIN(R1)=A/C=30/50=0.60	R2 等于 R1 数值的正弦值
COS( )	余弦	R3=COS(R1)=B/C=40/50=0.800	R3 等于 R1 数值的余弦值
TAN( )	正切	R4=TAN(R1)=A/B=30/40=0.75	R4 等于 R1 数值的正切值，R1 ≠ 90°
ASIN( )	反正弦	R1= ASIN(R2)=36.8699°	R1 等于 R2=(A/C) 的反正弦，单位:（°）
ACOS( )	反余弦	R1=ACOS(R3)=36.8699°	R1 等于 R3=(B/C) 的反余弦，单位:（°）
ATAN2( )	反正切	R1=ATAN2(30,40)=36.8699° R1=ATAN2(30,-80)=159.444°	R1 等于 30 除以 40 反正切，单位:（°） 角度取值范围:−180°～ 180°

（2）运算函数　数控系统配置的运算函数见表 D-7。

表 D-7　常用的数学运算函数表达关系式

计算符号	含义	编程示例	说明
POT( )	平方	R6=12，R5=POT(R6)=144	R5 等于 R6=12 的平方值（144）
SQRT( )	平方根	R7=SQRT(R6*R6)=12	R12 等于 R6*R6 的积再开平方（12）
ABS( )	绝对值	R9=ABS(10-35)=25	R9 等于 10 减 35 的差再取绝对值（25）
TRUNC( )	向下取整	R6=2.9，R8=TRUNC(R6)=2 R6=−3.4，R8=TRUNC(R6)=−3	R8 等于 R6 舍去小数部分后的值
ROUND( )	四舍五入	R8=8.492，R9=ROUND(R8)=8 R8=8.502，R9=ROUND(R8)=9	R9 等于仅对 R8 小数部分的第一个小数位进行四舍五入取整
ROUNDUP( )	向上取整	R8=8.1，R9=ROUNDUP(R8)=9 R8=−8.1，R9=ROUNDUP(R8)=−9	R9 等于仅对 R8 小数部分的第一个小数位进行向上取整
MINVAL( )	比较取小	R1=3.3，R2=9.9 R4=MINVAL(R1,R2)	R4 为确定两变量中的较小值 (R1)
MAXVAL( )	比较取大	R1=3.3，R2=9.9 R4=MAXVAL(R1,R2)	R4 为确定两变量中的较大值 (R2)
BOUND ( )	检验	R1=3.3，R2=9.9，R3=6.6 R4=RBOUND(R1,R2,R3)	R4 为确定已定义值域中的变量值 (R3)

注：1.向下取整函数 TRUNC()，又称去尾取整函数。处理数值时，若运算后产生的整数绝对值小于原数的绝对值时为向下取整，故对负数使用向下取整函数时要十分小心。

　　2.向上取整函数 ROUNDUP() 处理数值时，若运算后产生的整数绝对值大于原数的绝对值时为向上取整，故对负数使用向上取整函数时要十分小心。

（3）曲线函数　在车削加工中常见的轮廓曲线有椭圆、抛物线、双曲线、渐开线等多种。

附录 E "DXF 图形导入器"简介及使用方法

当需要加工的外形轮廓是由不规则的图样构成时，描述其图形元素及基点坐标的工作非常繁重，也是经常发生差错的环节。"图形轮廓编辑器"已经方便了编程者按照图样标注尺寸，实现了零件轮廓参数的输入与加工程序生成的对接。但是，如果工件轮廓图形比较复杂，或者存在多个轮廓图素，那么使用"图形轮廓编辑器"形成加工轮廓程序块会比较烦琐，编程时间较长。

SINUMERIK 828D 数控系统（V04.07）含有的 DXF_Reader 选项功能（DXF_Reader 的产品序列号为 6FC5800-0AP56-0YB0）可实现工件图样到加工程序的快捷转换，能够将 DXF 格式图形文件导入直接生成加工程序，在两轴、两轴半的加工过程中实现了使 CAD/CAM 与数控加工无缝集成。在此以铣削循环指令为例说明"DXF 图形导入器"的使用方法。

1. 前期准备工作

1）工件图样分析。如图 E-1 所示工件的几何形状由不规则轮廓构成的凹形腔和不规则轮廓构成的凸台组成，均为封闭的轮廓图形。从主视图上的投影看，还应包括矩形毛坯轮廓。如果加工此零件，则需要分别构建这三个完整的加工轮廓程序块。

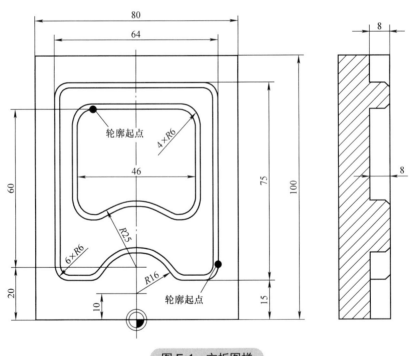

图 E-1　方板图样

2）使用 CAD 软件将零件图转换为 DXF 格式的图形文件。这个 DXF 格式图形文件的基本要求是：只包括以 1 : 1 比例绘制的零件图的主视图（正视图），不要保留中心线等辅助线段及尺寸标注线，并需要明确编程零点坐标位置。也就是说，保留的轮廓图形原则上是独立的、封闭的。如果制作的封闭轮廓线质量不好，出现不封闭或多余线段未剪切干净的情况，会造成图形转换失败。

3）将 CAD 生成的 DXF 格式文件（如 Fangban_1.dxf）复制到 U 盘，然后插入到数控系统面板的对应 USB 插口上。

4）进入数控系统程序管理器，按【NC】软键，在"工件"路径下新建一个类型为"工件 WPD"的目录文件"LUNKUO"。然后，新建"主程序 MPF"文件，输入新文件名"FP1"，按【确认】软键后，进入程序编辑界面。

5）在程序编辑界面中先编写铣削加工的准备程序指令部分，创建毛坯程序段，留出一段空间准备编写加工程序指令，编写加工完成后的工艺状态程序指令，最后书写程序结束指令 M30。将光标移至 M30 程序指令段的下方，如图 E-2 所示。

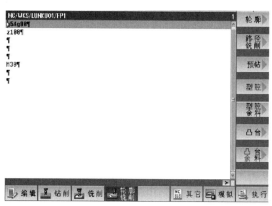

图 E-2　编写工艺准备的程序部分

2.导入DXF格式文件图形

1）按屏幕下方的【轮廓铣削】软键进入其界面，在屏幕的右侧上方按【轮廓】软键，出现新软键列表，按【新建轮廓】软键，输入新建轮廓的名称"147"，再按【从 DXF 导入】软键，继续按【接收】软键后，屏幕显示"程序管理器"状态下的文件路径。可以在 U 盘上（或系统中）找到存放准备加工轮廓的 DXF 文件（也可以通过按【搜索】软键）Fangban_1.dxf，按【确认】软键，导入所要工件的轮廓图形，如图 E-3 所示。

2）确定工件的编程原点（参考点），即指定一个在加工中可以使用的工件零点。按右侧【指定参考点】软键，出现一组新软键列表，屏幕上出现一个移动的、橙色的零点符号。选择参考点的方法有元素起点、元素中心、元素终点、圆心、光标和自由输入六种。在这些指定参考点的方法中，选择一个适合描述本工件编程零点的方法，确定编程零点位置。本例选择的是使用元素中心的方法，将工件编程零点确定在毛坯轮廓最下边直线的中点位置，按【确定】软键，此时，橙色的原点符号便变成灰色的原点符号固定在这个位置上了。如图 E-4 所示，数控系统由此位置点开始计算其他各基点坐标位置和图样元素坐标数据。

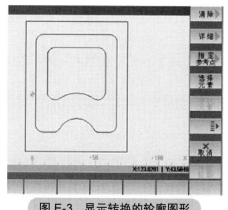

图 E-3　显示转换的轮廓图形

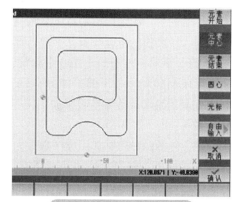

图 E-4　指定工件参考点

3.构建毛坯的加工轮廓程序块

根据对图样的分析，加工此工件需要分别构建这三个完整的加工轮廓程序块。例如，可以由外至内构建 DXF 格式文件上的三个轮廓线。

最外轮廓是毛坯外形，构建毛坯轮廓的操作步骤如下：

1）按【选择元素】软键，屏幕图形区中的一个轮廓线段变成橙色细线段，线段的一端出现蓝色方点。按【接收元素】软键，选择加工中离刀具进刀位置最近的一个线段。

2）确定这个线段的蓝色端点是这个轮廓的起点，如图 E-5 所示。先按【元素起点】软键（高亮），然后按【确认】软键，浅橙色线段变成蓝色细线段，下一个元素线段变为橙色粗实线，查看线段变色的行进方向是否符合设想（如顺时针方向），若不符合，则要按【撤销】软键，取消刚才所进行的接收元素的工作，重新按【元素终点】软键，则线段的行进方向发生改变（逆时针方向）。

3）继续按【接收元素】软键，橙色粗线段继续行进，最终回到出发点，此时的蓝色方点外面包围了一个橙色的外框线，且橙色线段消失，则表示一个轮廓已经全部接收完成。当行进的线段出现错误时，按【撤销】软键，则取消刚才所进行的接收元素的工作，可以连续进行撤销操作。

4）按【传输轮廓】软键，界面上弹出一个"结束从 DXF 文件中接收？"提示对话框，按【是】软键，出现如图 E-6 所示的界面。

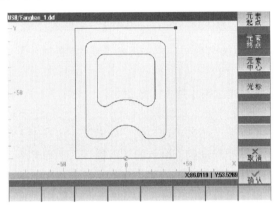

图 E-5　选择第一条轮廓的起始点　　　　图 E-6　第一个轮廓转换任务的核查

在屏幕左侧的"图形轮廓编辑进程树"中可以看到每一图素行进中新创建的图符。中间图形区显示二维坐标所标示的轮廓图形。将进程树与轮廓图形进行对照检查有无差错，单击进程树中的任意一个进程，图形区中对应的线段变为橙色，屏幕右侧参数区则显示该线段元素的各项参数。可以对已经接收的轮廓线段元素进行删除、修改等操作，直到正确为止。

5）检查无误后，按右侧【接收】软键，数控系统中就生成了一个名为"147"的加工轮廓程序块，出现在 M30 指令的下面，如图 E-7 所示。

如果有多条轮廓线需要构建其加工轮廓程序块，只要分别确定其名称，参照上述步骤，逐一创建即可实现。

4. 构建工件的凸台轮廓加工程序块

在编辑界面下，将光标移动到刚完成的"147"加工轮廓程序块的下面。在屏幕右侧的上方按【轮廓】软键，出现新软键列表，按【新建轮廓】软键，输入新建轮廓的名称"258"，按【从 DXF 导入】软键，再按右侧的【接收】软键，屏幕显示"程序管理器"状态下的文件路径，找到"Fangban_1.dxf"文件，按【确认】软键，屏幕显示所要加工零件轮廓图形。选择中间的那条不规则凸台外轮廓，构建零件的凸台轮廓加工程序块。操作步骤与毛坯轮廓程序块"147"的步骤 1～步骤 5 相同。生成的第二个名为"258"的凸台外轮廓加工程序块，出现在"147"加工轮廓程序块的下面。过程从略。

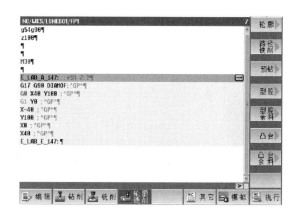

图 E-7　生成的第一个加工轮廓程序块

5. 构建零件的凹形腔内轮廓加工程序块

在编辑界面下，将光标移动到刚完成的 "258" 加工轮廓程序块的下面。在屏幕右侧的上方按【轮廓】软键，出现新软键列表，再按【新建轮廓】软键，输入新建轮廓的名称 "369"，按【从 DXF 导入】软键，再按右侧的【接收】软键，屏幕显示 "程序管理器" 状态下的文件路径，找到 "Fangban_1.dxf" 文件，按【确认】软键，屏幕显示所要加工零件的轮廓图形。选择最里边的那条不规则凹形腔内轮廓，构建零件的凹形腔轮廓加工程序块。操作步骤与毛坯轮廓程序块 "147" 的步骤 1 ~ 步骤 5 相同。生成的第三个名为 "369" 的凹形腔内轮廓加工程序块出现在 "258" 加工轮廓程序块的下面。过程从略。

至此，工件的三个加工轮廓程序块就构建完成了。

6. 倒角轮廓的处理

零件图中要求对凸台的边沿和凹形腔的边沿进行倒角加工。根据对图形的分析，这两个倒角轮廓均由其外形轮廓引伸出来，并不需要进行创建；从使用的加工刀具来看，选择的刀具也是倒角刀（刀具类型为 220）。所以，在编写两处倒角加工的程序中，可以分别调用这两个加工轮廓程序块。

7. 对交叉轮廓线段的处理

DXF 格式图形中出现交叉轮廓（也称为非独立轮廓）线段，最常见的非独立轮廓中是半封闭轮廓。在主视图的复合轮廓投影中，半封闭轮廓与其他轮廓可以组成不同的封闭轮廓路径。当在屏幕图形区单击图形元素线段（或按【接收元素】软键，系统自动行进到线段交叉点时，后面相关的线段变成橙色较粗的虚线段。如何处理呢？行进方向如果出现粗虚线，则需要选择轮廓线段的行进方向，在确认下一个正确的线段时，按【选择元素】软键，线段由粗虚线变为粗实线，继续按【接收元素】软键。

一个最基本的方法（也是建议初学者采用的方法）是在前期准备工作阶段中，事前拆分发生线段交叉的复合投影主视图为独立轮廓 `的 DXF 格式图形文件，再分别进行 DXF 格式图形文件的编辑转换工作。

DXF_Reader 的功能很多，扩展界面中还有很多软键的操作使用方法，限于篇幅，在此不进行详细介绍，请使用者自行实践和掌握。

附录 F　西门子数控技术与教育培训信息

西门子为了方便客户，提供了一系列信息源。除了用户和制造商文档外，网上还有用户论坛、教育培训信息文档可供下载。

1. 教育培训信息及视频下载（CNC4YOU – 西门子数控用户门户网站）

该门户网站支持查阅西门子数控产品官网信息，相关教育培训及学习视频、在线课堂、实际应用案例和西门子数控工业级仿真软件下载

http://www.ad.siemens.com.cn/CNC4YOU/Home/EducationTraining

2. 西门子数控SINUMERIK 技术文档下载

完整的西门子数控 SINUMERIK 文档、应用示例和常见问题也可下载（可以通过页面切换至中文版面）

https://support.industry.siemens.com/cs/ww/en/view/108464614

3. 西门子数控SINUMERIK - 用户论坛

在 SINUMERIK 用户论坛上可以与其他 SINUMERIK 用户一起探讨技术问题。论坛由经验丰富的西门子技术人员和用户主持

http://www.ad.siemens.com.cn/club/bbs/

参 考 文 献

[1] 昝华，陈伟华. SINUMERIK 828D 铣削操作与编程轻松进阶 [M]. 北京：机械工业出版社，2019.
[2] 西门子（中国）有限公司. SINUMERIK 828D 操作与编程用户手册 [Z]. 2015.